NORTH AMERICAN P-51 MUSTANG

1940 onwards (all marks)

Owners' Workshop Manual

北美 P-51 "野马" 战斗机

〔英〕贾罗德·科特尔（Jarrod Cotter） 莫里斯·哈蒙德（Maurice Hammond）著

郭 宇 译 蒙创波 审校

上海三联书店

CONTENTS 目录

4 收藏家看"野马" 215

5 飞行员看"野马"

6 工程师看"野马" **297**

附录

鸣谢

如果没有作者家人在内的亲朋好友的鼎力相助，我几乎不可能完成撰写本书所需资料的搜集工作。黛安·哈蒙德（Diane Hammond）能算得上这些人中对我帮助最大的了，不仅让她的丈夫花费数千小时参与"野马"古董飞机的修复与再造工作，而且还让他在炎炎夏日中驾驶这些飞机进行飞行演示。还有克莱尔·科特尔（Clare Cotter）"贡献"出她的丈夫与莫里斯（Maurice）同机飞行，并夜以继日地编纂飞机的操作手册。还有莉亚·哈蒙德（Leah Hammond）在其他飞行员驾驶 P-51 飞机时，驾驶 T-6 摄像飞机跟随拍摄，记录下大量珍贵的镜头和片段。贾罗德·科特尔（Jarrod Cotter）在 T-6 教练机的座舱中负责拍摄，工作热情饱满，认真记录下在他周围翻飞的"野马"的点点滴滴，只有一次在返程途中，他搭乘"曼尼内尔"号，莉亚独自驾驶 T-6 跟在身后。

我们不得不提到克里斯·阿布里（Chris Abrey），他拍摄的照片记录了堪称史上公开发表过的最详细的"野马"战斗机翻新再造的过程，还有前 P-51 "野马"战斗机的飞行员史蒂文·C.阿纳尼安（Stephen C. Ananian），曾在第二次世界大战期间服役于 339 战斗机大队，为采访战争期间 339 大队的飞行员提供了大量便利，起到了牵线搭桥的作用，同时，他也作为一名第二次世界大战老兵，参加了访谈。

还有，本书的几位作者诚挚地向其他为本书提供深度翔实资料的人士表达感谢，他们是，克拉伦斯·E. "巴德"·安德森（Clarence E. 'Bud' Anderson）和他的儿子吉姆（Jim），还有提供历史档案信息的马丁·乔尔顿（Martyn Chorlton），无限制飞行竞速专家/摄影师斯科特·杰曼（Scott Germain）、寇蒂斯·R.史蒂文斯（Curtis R. Stephens）、迈克·斯皮克（Mike Spick）和阿尔弗雷德·普莱斯（Alfred Price）。

对页图：莫里斯·哈蒙德收藏的两架 P-51D 飞机编队飞行在东安格利亚（East Anglia）上空。44-13521"曼尼内尔"（Maninell）号是一架参加过第二次世界大战的"老战士"，是当年驻扎在福尔莫（Fowlmere）的 339 战斗机大队使用过的飞机；414419"贾妮"（Janie）号战后在新西兰皇家空军（RNZAF）服役，修复过程中保留了原机 75% 的部件。（贾罗德·科特尔供图）

本书中，关于发动机的译名，Merlin，国内通用译名为"梅林"，而罗尔斯－罗伊斯公司为其活塞航空发动机的命名习惯为猛禽类的名字，如果根据此规律，应译为"灰背隼"。本书根据国内通用习惯，统一翻译为"梅林"。——译者注

作者手记

　　莫里斯·哈蒙德收藏并修复了两架 P-51D 古董飞机，经多方考虑，本书围绕着这两架飞机进行演绎。接下来的文章将向读者证明这个主角选得非常之好，为本书增添了浓墨重彩！

　　首先也是最重要的，D 型无疑是战争期间"野马"家族中最有分量的一个亚型，产量是最大的，并且在战斗中有力地扛起了自己的职责，立下了汗马功劳，为第二次世界大战的胜利作出了突出的贡献。它不仅展示了自身出色的性能，还让人们看到了其高度的可靠性、超远的航程、强大的武器系统以及优秀的座舱视野。

　　莫里斯收藏到的第一架"野马"飞机在新西兰皇家空军服役过，制造序号是 45-11518，服役期间的编号为 NZ2427，但在接手前，该机已经按照第二次世界大战期间第 8 航空军的涂装样式重新涂装了。1996 年，他在美国威斯康星州奥斯卡什（Oshkosh）考察过这架飞机后，决定买下该机。该机在新西兰皇家空军服役到 1955 年，其间保持良好的维护和储存，飞行使用强度也不是很高。由于该机有着良好的底子，经过理想的基础翻新和修复后，恢复了适航状态。

　　他收藏的另一架飞机，44-13521 "曼尼内尔"，有着与第一架飞机完全不同的履历。这架 P-51D 是在"老鸟"云集的 339 战斗机大队服役过并且身经百战的飞机，在 1944 年 8 月执行一次法国境内的低空轰炸任务时被击落。该机被地面火力击落，其残骸被收集起来之后便被遗弃在法国的一个谷仓中，50多年后才被后人发现。该机的残骸相对保留完整，还能作为修复的基础，不过与 NZ2427 比起来，简直是惨不忍睹。

　　两架"野马"经过莫里斯和他的工程师团队翻新修复后，都达到了适航状态。在此期间，为了达到重返蓝天的目标并留存资料，他们用照片记录了修复飞机的每个过程，凝固住大量珍贵的瞬间。因此，两架 P-51D 九年多的修复过程，为这本海因斯手册奠定了实物资料的基础。莫里斯在车库里带领工程师团队精心维护和操作这两架"野马"飞机，并掌握了所有必要的专业知识。

　　总之，我们拥有世界上状况最好的 P-51D 飞机中的两架，在修复、飞行和维护期间，都遵循了手册上的最高标准，读者可以通过独家视角，深入了解"野马"战斗机的点滴细节。此外，其中一架飞机沿用了 75% 的原机部件，而另外一架是参加过第二次世界大战的王牌战机，作为一本书的资料来源，其翔实程度是前所未有的。

2009 年 8 月 15 日，3 架英国收藏家拥有的"野马"飞机在东安格利亚的云层上空编队飞行。离镜头最近的这架飞机是 CAC-18 "野马" Mk22 "漂亮大娃娃"（Big Beautiful Doll）号（472218，民用注册号 G-HAEC），由罗伯·戴维斯勋爵（Rob Davies MBE）驾驶。旁边是 P-51D "曼尼内尔"号（44-13521，民用注册号为 G-MRLL），座舱中驾机的是莫里斯·哈蒙德。最远处是 P-51D "贾妮"号（414419，民用注册号 G-MSTG），由戴夫·埃文斯（Dave Evans）驾驶。（贾罗德·科特尔供图）

引 言

正如超级马林"喷火"战斗机被视为第二次世界大战期间英国设计制造的最著名活塞动力战斗机那样，北美飞机公司（NAA）的 P-51 "野马"无疑是同时期最著名的美制战斗机。"野马"战斗机最初是为英国皇家空军（RAF）设计的，但不久后便引起美国陆军航空队（USAAF）的注意。该系列战斗机稍后便在战争中证明了自己的价值，从欧洲战场到太平洋战场，该机超远的航程和优异的机动性为其取得战斗胜利奠定了坚实的基础，取得了大量战果。"野马"的飞行性能极其出色，被驾驶该机的飞行员们亲切地称为"空中凯迪拉克"！

下图：1944年10月，比尔·普莱斯上尉（Captain Bill Price）在雷顿场站内，在自己的"贾妮"号座机前留影，照片中的这架飞机是原版的"贾妮"号。（美国国家档案馆供图）

第二次世界大战期间，美国陆军航空队的飞行员们驾驶着刚刚从北美工厂下线的"野马"战斗机，从东安格利亚的机场起飞，奔向战场。莫里斯·哈蒙德收藏这两架北美飞机公司 P-51D "野马"战斗机的最终目的是完成纪念飞行，复现这一场景，向先辈致敬。这两架战斗机背后的故事，是本书的核心要素，从两条完全不同的路线来讲述这些故事：一是这两架飞机的修复和再造工程，二是对驾驶过"野马"的老飞行员们的专访。

这两架"野马"的身世有很大的不同，可以当作典型的案例，很

好地管窥当今世界上仍然保持飞行状态的众多 P-51 飞机的"家世"和过往。"贾妮"号可以为其在修复过程中沿用相当大比例原机部件而骄傲，有资本吹嘘自己的"高原厂度"，而"曼尼内尔"号则是真正参加过第二次世界大战的"老兵"，因此，该机在修复时采用的涂装是基于前第 8 航空军设定的，以此来纪念当年从英国起飞，参加战斗并阵亡的美国飞行员。所以，以讲述复原这两架"野马"古董飞机背后的故事作为开场白，应该是本书内容的最佳展开方式了。在这之后，再讲述这个型号的历史以及 P-51D 古董飞机的修复和维护过程。

莫里斯收藏古董战机是从诺福克的哈德维克机场（Hardwick airfield）开始的，而这个机场经过年代变迁，原址现已成为托普克罗夫特（Topcroft）附近的一家农场。当年，哈德维克机场是第 8 航空军 93 轰炸机大队的 B-24"解放者"重型轰炸机的驻地。

"贾妮"号

"贾妮"号（民用注册号 G-MSTG，制造序号 414419）自从 2001 年完成修复并重返蓝天后，便成为英国天空中的一道风景线，以单机表演或者机群通场的方式，活跃在众多航展的飞行表演活动中。"贾妮"号复用了当年 353 战斗机大队威廉姆·J. 普莱斯少校（Major William J. Price）座机的涂装，他是战争期间的王牌飞行员，部队的驻地在萨福克的雷顿（Raydon, Sufolk）。而这架 P-51D 古董飞机复原之前在新西兰皇家空军服役，当时的机号是 NZ2427，是众多新西兰"野马"中的一员。

NZ2427 在新西兰空军服役时，隶属于新西兰威格瑞姆基督城（Wigram in Christchurch）的第 3 中队［"坎特博雷"（Canterbury）中队］。该机服役到 1955 年 8 月，退役后随即封存在伍德伯恩（Woodbourne），直到 1957 年"本土防卫义勇军空军"解散。

这架"野马"被划定为剩余物资并以 80 英镑的象征性价格作为打包出售的众多"野马"战斗机之一出售给 ANAS 公司。1958 年 5 月，彼得·科尔曼（Peter Coleman）和巴利·诺斯（Barry North）合伙买下了 NZ2427，该机随即开始了辗转的运输历程，先是被运到一个农场里，稍后转运到位于新西兰南岛的奥马卡（Omaka）机场，从 1959 年待到 1961 年，之后又转移到布伦海姆（Blenheim）的科尔曼的私人场所内。多年以后，到了 1990 年，这架"野马"被送到位于瓦纳卡（Wanaka）的著名的阿尔派战斗机收藏博物馆（Alpine Fighter Collection）进行展示。直到 1996 年再度出售，该机没有进行过任何修复工作。

2009 年 8 月 15 日，"贾 妮"号飞翔在东安格利亚的乡村上空，驾机者是戴夫·埃文斯。（贾罗德·科特尔供图）

同在 1996 年，莫里斯·哈蒙德到美国威斯康星州奥斯卡什参加为期一周的"实验飞机协会"（EAA）航空展，寻求一架 P-51 古董飞机。展会上共有 4 架 P-51 飞机出售，莫里斯考察了这 4 架飞机后，认为这架前"几维野马"（Kiwi，新西兰的昵称）的状态是最佳的，值得入手。于是他买下了这架飞机，并安排运输到位于萨福克的莫里斯的家中，1997 年复活节期间，该机运抵目的地。到货的翌日，修复这架 P-51，使其达到适航状态的工作就开始了。

莫里斯在萨福克生活期间，就早早决定将自己收藏的野马飞机涂装成当年驻扎在本地的部队的式样，于是确定采用驻扎在雷顿的 353 战斗机大队的涂装，其标志为在机头喷涂黄黑相间的棋盘格图案。为了寻求一个有特点的单机涂装，莫里斯翻看了由当年参战飞行员比尔·普莱斯编著的书《随 353 战斗机大队的两次作战部署》（1992 年由 Aviation Usk 出版）。该书的封底是一幅手绘的飞机侧视图，该机是作者的 P-51D 座机，用比尔的妹妹贾妮的名字命名为"贾妮"号。拜读过书中作者惊心动魄的战斗故事之后，莫里斯灵感迸发，选择按这架飞机的样式来涂装自己心爱的藏品。

下图：1953—1954 年，NZ2427 在驻地位于新西兰南岛威格瑞姆基督城的第 3 中队（"坎特博雷"中队）服役期间的照片。（莫里斯·哈蒙德供图）

上图：1997 年 4 月，在"莫里斯·哈蒙德"工作室中陈列的 NZ2427 的机身中段，这段机身正在整备，准备进行修复和翻新工作。该机较好的状态意味着相当多的原机结构件和蒙皮部件可以翻新后继续使用。（莫里斯·哈蒙德供图）

第 8 航空军 353 战斗机大队在 1943 年 6 月 6 日移防英格兰，先以林肯郡（Lincolnshire）的戈克希尔（Goxhill）为基地，稍后，在同年 8 月，转移到萨福克郡的梅特菲尔德（Metfield）。转年 4 月，该大队又将驻地转移到萨福克郡的雷顿，直到 1945 年 10 月 10 日撤离英国本土。353 大队在欧洲上空的进攻作战中取得辉煌的战绩，包括诺曼底战役、阿登战役、法国北部战役、欧洲中部战役以及莱茵战役等。1944 年 9 月，该部队在荷兰空降作战期间提供了强有力的空中支援，获得"杰出部队嘉奖"。

353 战斗机大队在第二次世界大战期间总共出击 447 次，到战争结束的时候，该部队共产生 51 个王牌飞行员，共有 137 架飞机在战斗中损失，宣称在空战和对地攻击作战中总共摧毁了超过 800 架敌机。

威廉姆·J. 普莱斯少校服役于 350 战斗机大队。他完成了两次战斗任务，这期间他共驾驶过两架 P–47D "雷电"以及一架 P–51D "野马"战斗机（序号 44–14419），他将驾驶过的 3 架座机都命名为"贾妮"号。比尔·普莱斯执行过 108 次作战任务，并成为一名王牌飞行员，共取得 7 个空战战果，包含 3 架梅塞施密特（Messerschmitt）Bf 109，一架亨克尔（Heinkel）He 111，一架福克 – 沃尔夫（Focke-Wulf）Fw

190，一架梅塞施密特 Me 210 以及一架梅塞施密特 Me 410。其中 3 架是在空战中击落的，其余 4 架均被其摧毁在地面上。普莱斯少校受到多次嘉奖，包括飞行勋章和优异飞行十字勋章（DFC），外加大量橡叶配饰。他后来成为 350 大队的中队指挥官。

修复工作进展顺利，莫里斯在 1999 年 7 月完成了这架古董飞机机身的修复工作，将其从位于哈德维克的车库中拖出，移至室外。机翼部分的修复工作随即展开，这部分的修复在 2000 年圣诞节前完成，稍后便将机翼安装到机身上。莫里斯也将 P-51 的帕卡德（Packard）V1650-7 "梅林" 发动机翻新到 "零千米" 状态，并在 2001 年复活节期间将其重新安装到飞机上。这架 "野马" 在新西兰皇家空军服役期间得到上佳的维护，机体状态的底子相当不错，因此整个修复工程只用了 4 年半的时间，并且沿用了超过 75% 的原机部件。

让这架 "野马" 重返蓝天的第一步就是发动机的地面试车以及各分系统的检查，这些工作总共用去了 5 个小时。然后就开始艰巨的任务了，"贾妮" 号开始试飞了。著名的表演飞行员罗伯·戴维斯勋爵全程驾机进行试飞。他在 "野马" 系列飞机上的飞行经验非常丰富，他

下图：2005 年 8 月，比尔·普莱斯本人参观了这架 "全新" 的 "贾妮" 号，并在这架 "野马" 的左侧发动机罩处签上了自己的名字，非常具有历史意义！（贾罗德·科特尔供图）

自己也收藏了一架 CAC-18 "野马" Mk22 飞机，并命名为 "漂亮大娃娃"（Big Beautiful Doll）号，常常驾驶该机飞行。参加试飞的人可能都不是很迷信，因为该机的首飞日期是 2001 年 7 月 13 日，而且还是星期五，13 日加上星期五，在西方人眼里简直是黑色星期五！试飞过程从哈德维克起飞，共飞了 3 个起落，然后罗伯将飞机开回了自己在肯特郡伍德教堂附近的简易机场，继续进行后续的试飞项目。

随着项目进行，莫里斯着手联系比尔·普莱斯本人，并寄给他一张新 "贾妮" 号飞机的照片。比尔在回赠的书（比尔本人所著）中写下感谢的文字："莫里斯，感谢您修复这架 '野马' 战斗机，重现了我当年座机的涂装，并送给我一张 '贾妮' 号飞翔在雷顿空军基地上空的美照！"

2005 年 8 月，诸事准备好后，莫里斯邀请比尔到访哈德维克，来参观自己收藏的这架 "野马" 飞机。8 月 21 日，莫里斯带着比尔驾驶着 "贾妮" 号进行了体验飞行，并降落在雷顿机场原址，重新回到这名 VIP 乘客当年在 353 战斗机大队战斗过的地方，缅怀当年的点点滴滴。

上图：比尔·普莱斯的 7 个战果标记准确地还原在新 "贾妮" 号的左侧机身上：1943 年 11 月 5 日，第 41 次任务，一架 Me 210；1944 年 8 月 28 日，第 283 次任务，一架 Me 410；1944 年 8 月 29 日，第 284 次任务，3 架 Bf 109；1944 年 9 月 23 日，第 303 次任务，一架 Fw 190；1944 年 11 月 18 日，一架 He 111。（贾罗德·科特尔供图）

2009 年 8 月 15 日，"贾妮"号在飞往哈德维克的家的路途中。后座乘机者抱着的穿着粉色衣服的泰迪熊玩具应该是"贾妮"熊。"贾妮"熊搭乘过很多飞机的"顺风机"，小熊的飞行日志也相应填写了每次飞行的记录。这本飞行日志准备拍卖，拍卖所得作为莉亚·哈蒙德主持的一家乳腺癌关爱机构的资金筹措来源之一。（贾罗德·科特尔供图）

上图：1944 年夏天，布拉德福特·史蒂文斯上尉站在 "曼尼内尔" 号前与座机合影。（339 战斗机大队协会供图）

"曼尼内尔" 号

2009 年 8 月 15 日，北美 P-51D "野马"（制造序号 44-13521）"曼尼内尔" 号战斗机重返故地，降落在剑桥郡福尔莫（Fowlmere, Cambridgeshire）。而该机上一次从这里起飞，还是在 1944 年 8 月 13 日……飞机降落后，无线电中传来热情的话语："曼尼内尔，欢迎回家！" 驾驶飞机的飞行员莫里斯·哈蒙德用带有伤感的语调简单回复道："谢谢。" 为实现这个归家的场景，以缅怀上一次驾驶该机出击，并阵亡在战场上空的飞行员——迈尔·温克尔曼少尉（Second Lieutenant Myer Winkelman），莫里斯团队用了 5 年的时间从残骸状态再造并复原了这架充满历史意义的飞机。事实上，这不仅仅是难以置信的复原文物的工程成就，背后更有感人至深的故事！

这架 P-51D-5NA（44-13521）战斗机由加利福尼亚英格伍德（Inglewood, California）工厂制造，1944 年 6 月 30 日交付部队服役，隶属于 339 战斗机大队 504 战斗机中队，基地在福尔莫。这架 "野马" 通常由布拉德福特·V. 史蒂文斯上尉（Captain Bradford V. Stevens）驾驶，但是该机在 1944 年 8 月 13 日前往法国执行低空轰炸任务时，由

迈尔·温克尔曼少尉驾驶，不幸在战斗中被地面火力击落，飞行员阵亡。此时，该机在该中队仅仅服役了 45 天！

339 大队是编入第 8 航空军的最后几个战斗机大队中的一个，在 1944 年 4 月 30 日开始作战行动，而首批部署的大队早在 1942 年底就开始执行作战任务了。339 大队由 503、504 和 505 战斗机中队组成，基地在剑桥郡达斯福（Duxford）德附近的福尔莫。该大队在 1945 年 4 月 21 日执行了最后一次战斗任务，距其第一次战斗飞行仅仅过了一年。该大队的指挥官是约翰·B. 亨利上校（Colonel John B. Henry），1945 年 4 月 14 日，威廉姆·C. 克拉克中校（Lieutenant Colonel William C. Clark）接替他担任该大队指挥官，一个月后，欧洲战役取得胜利。339 大队为其上级单位"神奇的第八军"（Mighty Eighth）创造了大量辉煌的战果，包括：大队级单位第一年内作战击毁敌机（空战和摧毁在地面）数量最多——692 架；参战首年内以大队为单位击毁地面敌机最多——453 架。同样，该大队还创造了一个纪录，第一个单次作战摧毁超 100 架敌机的作战大队（1945 年 4 月 10 日），摧毁数量高达 105 架！在 339 大队获得的大量荣誉嘉奖中，分量最重的就是 1944 年 6 月初诺曼底登陆作战（"D Day"）期间的优异表现，在 9 月获得了"优异功绩部队奖"。该大队成员亦获得非正式的别称"福尔

504th FIGHTER SQUADRON
Office of the Operations Officer
AAF Station F-378

15 August 1944

SUBJECT: Pilot's Statement.

TO   : Operations Officer, 339th Fighter Group, AAF Station
         F-378, APO 637, United States Army.

1. On the afternoon of 8 August 1944 2nd Lt. WINKELMAN was
flying on my wing on a dive bombing mission. He was in formation
with me when I started down on the target with 4-5 second delay
on the bombs. I pulled out between 1500 and 2000 feet and broke
to the right. Lt. WINKELMAN was not with me when I pulled back up
to 6000 feet. 1st Lt. HUNTER - leading my second element -
pulled up onto my wing. He said later that he thought he had
seen silver parts flying through the air over the bomb bursts.

2. Lt. WINKELMAN was last seen at 1830 in the vicinity of
Feuquieres, France.

BILL C. ROUTT,
Major, Air Corps.

上图：比尔·C. 劳特少校（Major Bill C. Routt）撰写的 1944 年 8 月 15 日的作战报告，当天他带队执行俯冲轰炸任务，温克尔曼少尉在他的编队中一同出战。战报中讲述了大家最后一次看到驾驶"曼尼内尔"号的飞行员的情景。（莫里斯·哈蒙德供图）

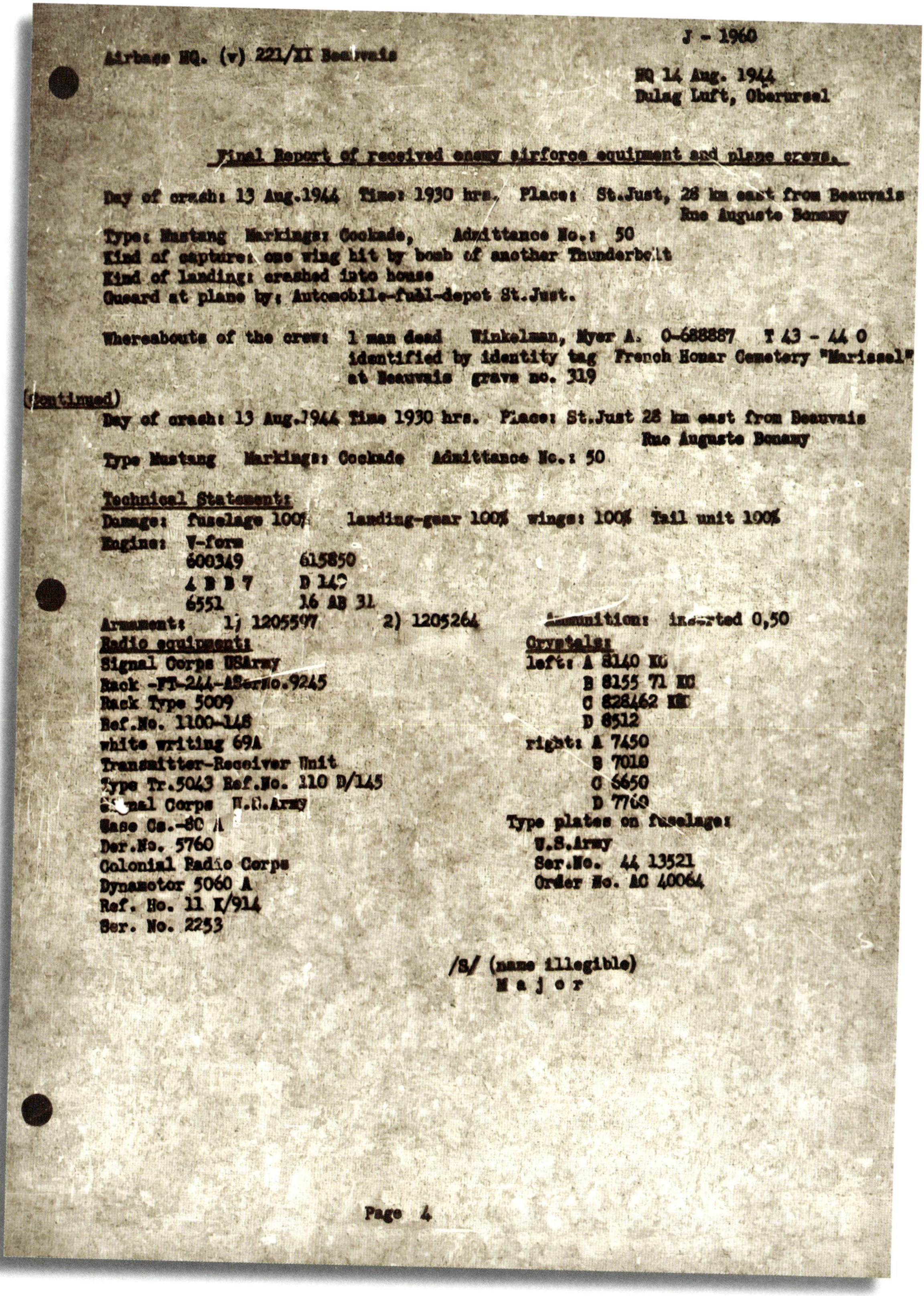

Airbase HQ. (v) 221/II Beauvais

HQ 14 Aug. 1944
Dulag Luft, Oberursel

Final Report of received enemy airforce equipment and plane crews.

Day of crash: 13 Aug.1944 Time: 1930 hrs. Place: St.Just, 28 km east from Beauvais
Rue Auguste Bonamy

Type: Mustang Markings: Cockade, Admittance No.: 50
Kind of capture: one wing hit by bomb of another Thunderbolt
Kind of landing: crashed into house
Guard at plane by: Automobile-fuel-depot St.Just.

Whereabouts of the crew: 1 man dead Winkelman, Myer A. O-688887 T 43 - 44 O
identified by identity tag French Honor Cemetery "Marissel"
at Beauvais grave no. 319

(Continued)

Day of crash: 13 Aug.1944 Time 1930 hrs. Place: St.Just 28 km east from Beauvais
Rue Auguste Bonamy

Type Mustang Markings: Cockade Admittance No.: 50

Technical Statements:
Damage: fuselage 100% landing-gear 100% wings: 100% Tail unit 100%
Engine: V-form
600349   615850
4 B B 7   D 149
6551   16 AB 31
Armament: 1; 1205597   2) 1205264   Ammunition: inserted 0,50

Radio equipment:
Signal Corps USArmy
Rack -FT-244-ASerNo.9245
Rack Type 5009
Ref.No. 1100-148
white writing 69A
Transmitter-Receiver Unit
Type Tr.5043 Ref.No. 110 D/145
Signal Corps U.S.Army
Base Cs.-80 A
Der.No. 5760
Colonial Radio Corps
Dynamotor 5060 A
Ref. No. 11 K/914
Ser. No. 2253

Crystals:
left: A 8140 KC
B 8155 71 KC
C 828462 KE
D 8512
right: A 7450
B 7018
C 6650
D 7769
Type plates on fuselage:
U.S.Army
Ser.No. 44 13521
Order No. AC 40064

/S/ (name illegible)
M a j o r

上图：迈尔·温克尔曼少尉的"失踪空勤人员报告"中的一页。（莫里斯·哈蒙德供图）

2009 年 8 月 15 日，3 架"野马"在飞往福尔莫途中组成纪念编队，护送"曼尼内尔"号完成"归家"的纪念飞行。离镜头最近的这架飞机就是"曼尼内尔"号（民用注册号为 G-MRLL），座舱中驾机的是莫里斯·哈蒙德。旁边护航的是 P-51D"贾妮"号（414419，民用注册号 G-MSTG），由戴夫·埃文斯驾驶。最远处是 CAC-18"野马"Mk22"漂亮大娃娃"号（472218，民用注册号 G-HAEC，战后加拿大授权生产的型号），由罗伯·戴维斯勋爵驾驶。（贾罗德·科特尔供图）

上图：莫里斯·哈蒙德从"曼尼内尔"号的座舱中探出身来，向飞机周围自发鼓掌欢迎他的人群致意。这架飞机在65年后，重新回到了福尔莫，作为339战斗机大队一员战斗起飞的地方。（贾罗德·科特尔供图）

对页图："曼尼内尔"号的机头忠实复原了339大队红白棋盘格的标志性涂装。在2009年8月15日，该机回到福尔莫后，仿佛重现了当年的历史瞬间。在"野马"的身后停放着的是北美"哈佛"教练机，飞行途中由莉亚·哈蒙德驾驶，负责对3机编队进行空中摄影。（贾罗德·科特尔供图）

莫小伙子"。

1944年8月13日上午，史蒂文斯上尉驾驶着"曼尼内尔"号P-51D战斗机，率领机群对法国境内的铁路目标进行轰炸。这场战斗中，339大队宣称击毁3台火车头，重创6台，炸毁20节车厢，重创80节，炸中站房和转车台各一座，摧毁油罐车一辆，炸中一家工厂，外加损毁大量铁轨……

史蒂文斯上尉在8:33起飞，完成任务返航后，在11:30降落在福尔莫。他在战报中提到，这项时间长达3个小时的任务中，敌方的高炮火力异常强大、猛烈并且精准，对我方机群造成了严重的威胁。战报中透露着一丝不祥的预感。

过了几天，温克尔曼少尉出发执行作战任务，这次轮到他驾驶"曼尼内尔"号飞机，对法国博韦地区的目标进行俯冲轰炸以及区域扫荡。不幸的是，在大约18:30，他的座机在费奎雷（Feuquières）上空被地面火力击落。领队的比尔·C.劳特少校在战斗结束后向339大队作战行动指挥官的汇报中写道：

2009 年 10 月 18 日下午，"曼尼内尔"号从哈德维克起飞。（贾罗德·科特尔供图）

温克尔曼少尉在俯冲轰炸任务中飞在我的僚机位置，我开始俯冲，他在 4 ~ 5 秒的间隔后跟了下来。我投弹后在 1500 ~ 2000 英尺的高度上拉起，并立刻向右脱离。当我回到 6000 英尺高度的时候，温克尔曼少尉并没有跟上来。亨特中尉（1st Lt Hunter）带领着第 2 分队拉起，和我重新编队。他说看到身旁有银色的金属部件从炸弹爆炸的火球上空飞过。

大家最后一次见到温克尔曼少尉是在法国费奎雷上空，时间是任务当天的 18:30。

下图：从 "曼尼内尔" 号的左翼向外望去，可以看到福尔莫机场。注意跑道头的草地滑行道和机库。（贾罗德·科特尔供图）

339 大队执行任务当天，目标周围的防空火力超级猛烈，因此，大家认为温克尔曼大概率是被地面炮火击落了。然而 "失踪空勤人员报告"（MACR）中列出的飞机损失的原因却是 "未知"。报告中写到的其他部分包括："座机：'野马'（无线电呼号 B 星 5Q），人员：迈尔·R. 温克尔曼，服役编号（ASN）0-688887。阵亡，安葬于博韦马里塞尔的法国军人公墓，穴号 319。"

莫里斯是一个充满情怀的收藏家，对复原具有历史纪念意义的老飞机并驾驶它们重返蓝天有着强烈的热情。在他的家人和专业的志愿者团队的鼎力支持和帮助下，他投入了可观的精力和财力来修复这架经历过战火的老飞机，并驾驶着这架 P-51 重返蓝天，回到当年第 8 航空军的核心驻地，以纪念这名阵亡的美国飞行员。

迈尔·温克尔曼少尉的家人在 2009 年夏天到访哈德维克，看到了温克尔曼在第二次世界大战期间驾驶过的这架战斗机，感慨万千。将修复一新的"曼尼内尔"号带回福尔莫参加温克尔曼少尉阵亡 65 周年纪念活动，是大家对他能够致以的最高敬意。

遗憾的是，虽然"曼尼内尔"号最终得以在 65 年之后"返家"，但是很多当年驾驶过该机的飞行员，却没有这个机会了。

上图：秋天傍晚的阳光轻抚着 P-51 的发动机罩上复原的"曼尼内尔"的名字，令人倍感温馨。（贾罗德·科特尔供图）

埃德·希普利（Ed Shipley）驾驶着P-51C（制造序号42-103645）飞行在美国弗吉尼亚上空，这次飞行是在兰利空军基地举办的航展的纪念飞行内容的一部分。[美国空军/技术中士本·布洛克（Ben Blocker）供图]

古董飞机的收藏与保养

我们很高兴地看到历史名机在博物馆良好的受控环境下得到妥善保护和收藏。看着一架曾经征战沙场的"野马"飞机，身披亮丽的作战部队标志性涂装，足以让我们的心绪起飞，跟随着驾机的飞行员穿越到战争年代，加入为轰炸机护航的飞行任务。

很多后辈还没有看到过第二次世界大战老飞机实机飞行的场景：老飞机启动发动机时特有的声音和视觉特征，滑出，起飞，然后进行飞行演示或者特技表演。这是普通人很难亲眼见到的。当一架"野马"从头顶飞过，"梅林"发动机爆发出雄壮的怒吼，飞机拉起爬升，冲向天空，全场充满了飞机机腹的散热器发出的"野马"战斗机特有的啸叫声，观众为之沸腾！你可以继续想象，在空战中，很多 P-51 战斗机飞行员与他们的对手 – 梅塞施密特 Bf 109 或福克 – 沃尔夫 Fw 190 战斗机斗智斗勇，场面一定是这样：战斗机咆哮着到处狂奔，枪炮不时开火，然后传来爆炸声……年轻的 P-51 飞行员们面对的是凶险的作战环境，但他们看到 P-51 在天空中的矫健身姿，就能比敌人多一分取胜的把握了。

飞机收藏家们在修复和维护古董飞机上的付出，是值得世人赞赏的。不论是木结构布蒙皮一战双翼飞机还是锃光瓦亮的参加过朝鲜战争的全金属结构喷气战斗机，都在他们手中重返蓝天。他们在航空技术日新月异的当今，保持着这些几乎被晚辈遗忘的老飞机飞行和战斗的记忆，留住了鲜活的历史。

"P-51 是战斗机飞行员梦寐以求的座驾。我只想在战争开始的第一天就拥有它。"

——前美国空军上校唐纳德·J.M. 布莱克斯利（Colonel Donald J.M. Blakeslee），1995 年 3 月

1942 年 10 月，一架北美飞机公司"野马"IA 战斗机在加利福尼亚州英格伍德的北美飞机公司厂区上空进行测试飞行。此时北美飞机公司制造的"野马"战斗机，是英国皇家空军使用的唯一一种美国制造的战斗机。机尾处被油漆覆盖掉的序号看上去像"41-37416"。在后来的报道中，该机在 1943 年向欧洲海运的过程中受到严重损坏。注意照片中的飞机装备了 4 门 20 毫米机炮。（档案编号 LC-USW36-496）

1 "野马"成长记

"野马"是"美国制造"的骄傲，但其与英国的航空工业有着密不可分的渊源。英国皇家空军和英国的航空工业在 20 世纪 30 年代后期迎来了一段快速发展的时期。随着战争快速波及英国本土，英国的工业体系搞出的现有设计，显然已无法满足预期的作战需求，需要另起炉灶，设计一款全新的战斗机。所以英国将目光投向大西洋彼岸的美国，其产物就是著名的"野马"系列战斗机，成为助力盟军取得战争胜利的几种重要机型之一。

制造中的"野马"

第二次世界大战的战火烧到英国本土的时候，英国政府向大洋彼岸的美国寻求作战飞机。负责该项业务的是英国直接采购委员会，负责人是亨利·塞尔夫爵士（Sir Henry Self），办公室设在美国纽约，向美国下了大量的飞机订单，购买多种型号的美制飞机。采购合同中包含了数百架寇蒂斯（Curtiss）P-40战斗机，但是寇蒂斯公司难以在要求的时间周期内提供足够的飞机，因此，北美飞机公司收到请求，按照许可证生产P-40战斗机。北美公司回复了这个请求，并提到，与其继续生产一种过时的飞机，不如重新设计一款新机。新型飞机围绕着一台艾利逊（Allison）V-1710液冷12缸V形活塞发动机展开设计，而该型发动机已在P-40战斗机上大量应用，但该发动机受目前机体的限制，还有很大的潜能没有发挥出来。

由于当时美国奉行孤立政策，并不想在战火未波及本土时卷入世界大战，因此这项设计新机的议案必须得到美国国会的通过。在答应向美国陆军航空兵（USAAC）提供两架样机用于测试的附带条件后，议案得以通过。

1940年2月，由总裁詹姆斯·H."荷兰佬"·金德尔博格（James H. 'Dutch' Kindleberger）和公司副总裁利兰·阿德伍德（Leland Atwood）带领的北美飞机公司代表团到访伦敦，带来了雷蒙德·H.莱斯（Raymond H. Rice）的设计手稿。团队成员中还有首席设计师埃德加·施姆德（Edgar Schmued）。英国空军部官员参观了设计图样后，被其干净流畅的外形以及大量革新的设计特点深深吸引，这些要素可以让新机在对手面前充满优势！

1940年4月，用了不到两个月的时间，设计团队就提交了基本设计方案。1940 年 5 月 4 日，亨利·塞尔夫爵士、英国皇家空军少将巴克（Baker）和 H.C.B. 托马斯［皇家航空工程研究院（RAE）］批准了该方案，并在 5 月 29 日下达了首批 320 架飞机的订单，折合到每架飞机的价格为 5 万美元（约合 1.45 万英镑）。这有一个前提条件：之前的合同签署后的 120 天内，首架原型机必须完成制造。这个条件对当时的任何一家飞机公司而言，都是极其苛刻的，对北美飞机公司来讲，更是要命，因为直到当时，该公司只生产教练机，没有制造战斗机的经验。无论如何，工作团队义无反顾地扎进洛杉矶附近的曼斯菲尔德（Mines Field）的工厂。总共历经 127 天，78000 工作小时之后，代号为 NA-73X、注册号为 NX19998 的首架原型机在 1940 年 9 月 9 日推出了厂房。雪上加霜的是，唯一一台发动机到货延期了，原因是 NA-73X 被正式归类为公司个体冒险行为，只有当项目有具体成果时，才会得到"政府特供装备"。经过各方努力，原型机终于装上了一台输出功率达 1150 马力的艾利逊 V-1710-F3R 发动机，完工后的原型机在 1940 年 10 月 26 日由试飞员万斯·布里斯（Vance Breese）驾驶，完成了首飞。

NA-73X 是一架让人眼前一亮的飞机。该机上有很多划时代的设计特性,其中最大的亮点就是层流翼型的机翼。飞机的整体表面非常顺滑,飞机的机身比同时期的其他战斗机要苗条很多。只有机头上方的化油器进气口在 NA-73X 的流线外形上显得有些突兀。在试飞期间,原始位置的进气口容易导致发动机熄火,所以,这个进气口又往前移动了一些,几乎移到紧挨着螺旋桨整流罩的位置。滑油散热器安装在机身下部,座舱地板下方,外部有与机身一体的整流罩,大大降低了气动阻力。

NA-73X 原型机的测试飞行前期由民间自由职业试飞员万斯·布里斯负责,之后这项工作转交给北美飞机公司的试飞员保罗·鲍尔佛(Paul Balfour)负责。11 月 20 日,保罗完成适应性飞行,返回曼斯菲尔德的时候发生了事故。他在降落期间接近跑道的时候收油门,但无法将燃油阀切换到"后备"档位,造成发动机断油,发动机随即停车。由于高度过低,来不及重新启动发动机了,他只能硬着头皮无动力迫降在机场附近的农田里。NA-73X 触地后,机体陷入松软的泥土里,

下图:北美 XP-51 第二架原型机 41-039 的右前 45 度视角。(美国空军供图)

然后翻扣了过来,"躺"在田地中,鲍尔佛被困在座舱中。幸运的是,飞机并没有起火,给了救援人员充足的时间把飞行员从陷入泥土的机体中"刨"出来。飞机受损严重,直到1941年1月11日才修复完毕,继续进行测试飞行。

美国陆军航空兵(USAAC)为了进行评估测试,订购了两架原型机,并赋予XP-51的型号,机体序号分别为41-038和41-039。NA-73X完成修复后,英方人员参观这架飞机,对其充满信心,并为这种新型战斗机选定了响亮的绰号——"野马"。

NA-73X继续着北美飞机公司的试飞工作,直到1941年7月15日停飞。这架充满历史意义的原型机在英格伍德存放了一段时间后,遭到粗暴的拆解报废,甚为可惜。随着这架漂亮的飞机"悲惨"的终结,P-51"野马"战斗机开启了辉煌的历程,成为第二次世界大战期间产量最高的美制战斗机。

下图:首架量产型"野马"I,AG345号,尽管该机涂刷着英军机徽,但是从未离开美国本土。(时间线供图)

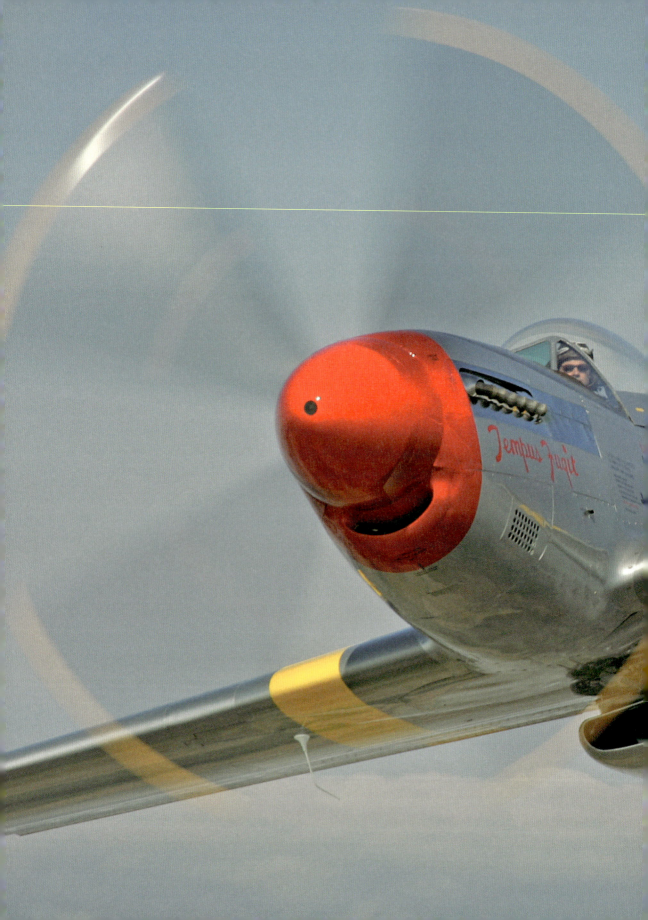

层流机翼

"野马"战斗机的层流翼设计为该机出色的性能表现作出了重大贡献。北美飞机公司利用美国国家航空咨询委员会（NACA，今NASA的前身）提供的最新科研成果，制造出了一种对称流线翼型的机翼分段，上下表面的突出曲线完全一致，镜像对称。而传统标准的机翼截面，最大厚度所在点位大约在机翼弦长（机翼从前端到后端的长度）从前向后的1/5处，上表面的界面曲线比下表面更加弯曲，这种设计可以让机翼产生更大的升力，但不是高速飞行的最优解。层流翼设计明显不同于传统机翼，机翼最厚的地方位于弦长的中间，且上下表面的弧度几乎相等，在机翼上下表面产生"层流"效应，气流通过更加流畅且气动效率更高。这种机翼显著降低了表面紊流的产生，因此大大降低了由此产生的气动阻力。这种翼型的缺点是在低速时，产生的升力不如传统机翼大，为了解决这个问题，机翼后缘安装了增升效果显著的大尺寸襟翼。[道格·费舍尔（Doug Fisher）供图]

第一架抵达英国的"野马"I 战斗机是 AG346 号，这张照片在 1941 年 11 月拍摄于博斯坎普城（Boscombe Down）的飞机和军械评估研究院进行测试评估期间。（时间线供图）

上图：这名女工正在往一架 P-51 飞机的后机身分段中安装一个电气分线盒。(档案编号 LC-USW3-055235-C)

批量生产

在试飞期间，发现的问题已经被解决得差不多了，不久，在 1940 年末，生产计划下达了，首个量产型号是 "野马" I 型，对应英国皇家空军的装备序列号从 AG345 开始。AG345 在 1941 年 4 月 23 日首飞，但是该机一直没有离开北美飞机公司，直到 1946 年 12 月 3 日该机最终报废。第二架量产型 "野马"，AG346，是首架到达英国的该型飞机，在 1941 年 11 月抵达英国，比计划交付时间略晚。该机通过海运抵达利物浦的港口后，从船上卸下，由陆路运往威尔特郡英国皇家空军博斯坎普基地，卸车后，迅速按照英国的标准规范进行整备。该机是首批抵达的 20 架飞机之一，这批飞机的绝大部分都用于飞机和军械评估研究院（A&AEE）、皇家航空研究中心（RAE）和空中作战发展中心（AFDU）进行测试和评估飞行使用。

参与这种新型战斗机试飞的飞行员们有相当多的人对该机的设计大加赞赏，但是对飞机上装备的艾利逊 V-1710-39 V 形 12 缸液冷发动机颇有微词，该发动机在高度大于 13000 英尺的时候，表现不尽如

上图：北美飞机公司的机翼组装区域一瞥。（档案编号 LC-USW3-055147-C）

人意。新机是为皇家空军战斗机司令部研发的，但是由于高空性能较差，反而更适合在低空支援地面部队的作战行动。

早期"野马"的生产

美国国会图书馆的馆藏档案中有一系列令人惊喜的照片，照片中反映了 1942 年 10 月，在美国加利福尼亚州英格伍德的北美飞机公司的工厂内，P-51"野马"战斗机在生产线上繁忙制造的场景。

进入英国皇家空军服役

1942 年 1 月 5 日，随着首架飞机抵达西苏塞克斯郡盖德维克机场（Gatwick, West Sussex），接收该机的 26 中队成为英国皇家空军首个装备"野马"I 战斗机的中队。飞机座舱内紧邻后窗处安装了朝向机身左侧的 F.24 倾斜照相机，用于照相侦察任务。此外，这架野马保留了机上的武器系统，这样该机非常适合扮演具备照相侦察能力的战斗机这一角色。

北美飞机公司的一名年轻女工正在组装一架 P-51 战斗机起落架作动机构的组件。注意，这个组件包含一门小口径机炮的部件。（档案编号 LC-USW36-253）

北美飞机公司的工人们正在往
P-51 战斗机的"艾利逊"发动机
上安装发动机架。(档案编号 LC-
USW36-492)

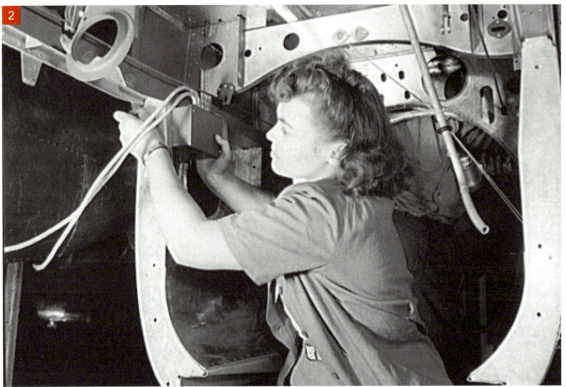

42—45 页图

1. 这名男工和一名女工互相配合，在总装线上组装座舱内的方向舵控制机构。（档案编号 LC–USW3–055237–C）

2. 一名女工在中段机身内组装一个电器开关分线盒。（档案编号 LC–USW3–055234–C）

3. 这名女工在加利福尼亚州英格伍德的北美飞机公司工厂车间内组装 P–51 机身内的控制钢缆。（档案编号 LC–USE6–D–007771）

4. P–51 战斗机的尾轮支柱在送往总装线之前进行最后的检查。（档案编号 LC–USW3–055240–C）

5. 英格伍德工厂中的一条 P–51 机身组装线。（档案编号 LC–USW3–055204–C）

6. 北美飞机公司传送 P–51 机身的悬挂式输送线。（档案编号 LC–USW3–055148–C）

7. 北美飞机公司发动机总装部门的车间内部场景，靠前的部分是 P–51 使用的"艾利逊"发动机的装配线，后面是双发的 B–25 轰炸机所用"莱特"发动机的装配线。（档案编号 LC–USW3–055241–C）

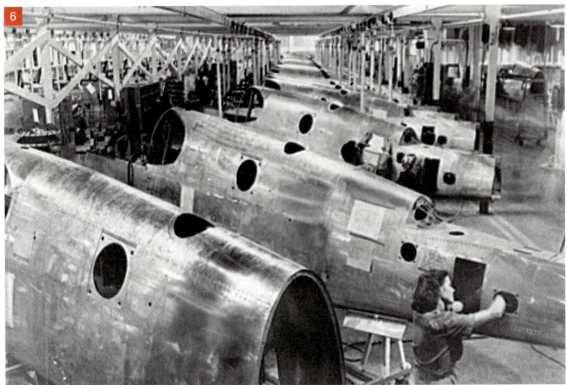

到 2 月末，26 中队形成战斗力，其他中队也随着"野马"战斗机大量到货，陆续接收这种新型战斗机。截至 1942 年 5 月，2、4、16、255、239、241、268 和 613 中队整建制换装"野马"战斗机。5 月 5 日，26 中队首次使用"野马"战斗机在法国上空执行作战任务。仅仅执行了数次任务，"野马"就迅速证明了自己的作战能力，该机可以很好地在敌占法国领土和更远的地方的上空，甚至深入低地国家执行对敌袭扰任务。这类行动被称为"白杨"行动，通常会由一对双机执行，其中一架飞机搭载着照相机进行侦察，另外一架为其护航，顺便对偶然出现的敌军目标进行扫射。

跨海峡袭扰逐渐成为陆军协同作战司令部下辖中队的常规任务，对敌人的攻击也变得越来越大胆，所以"野马"在这类任务中的首个战损来得也就不令人意外了。1942 年 7 月 14 日，在对利托克（Le Touque）附近水面的运输驳船进行攻击的过程中，26 中队的 AG415 号"野马"战斗机被地面火力击落。

"庆典"行动（Operation Jubilee）计划派遣大批盟军部队在法国迪耶普（Dieppe）登陆，在作战期间，需要短时间控制该地的港口并获取有关当地德军的情报。1942 年 8 月 19 日 5:00，"庆典"行动正式开始，超过 6000 人参加了战斗。盟军空中支援力量投入了 70 个中队的飞机，规模是空前的，当时所有能调遣的"野马"战斗机的作战单位悉数参加了这次行动。

飞机控制面装配部门的女工正手持气动手钻进行打孔作业。该工厂也制造B-25"米切尔"（Mitchell）轰炸机，杜立特将军轰炸东京所用的机型就是B-25。（档案编号LC-USW36-304）

上图：一架为美国陆军航空队制造的 P-51 战斗机正在进行最后的装配工作，完成后即前往外场整备区域进行总体调试。（档案编号 LC-USW3-055250-C）

　　该行动遭到了惨重的失败，到了 9:00，盟军部队完全被击退。截至当晚，英国皇家空军共有 119 架飞机未能返航，其中包括 11 架"野马"战斗机，这些损失的野马有 5 架是 26 中队的，3 架 239 中队的，一架 400 中队的，以及两架 414 中队的。当日，414 中队的霍利斯·"霍利"·希尔斯中尉（Hollis 'Holly' Hills）取得了英国皇家空军"野马"战斗机的首个空战战果，在战斗中，他驾驶 AG470 号座机击落了一架福克 – 沃尔夫 Fw 190 战斗机。268 中队的一对"野马"双机也宣称击落了一架容克斯（Junkers）Ju 188 轰炸机。

　　英国皇家空军的"野马"战斗机在 1942 年 10 月 22 日创造了历史，为 22 架维克斯"威灵顿"（Vickers Wellingtons）轰炸机护航，在白天对德国进行空袭，这次行动是英国皇家空军的单座战斗机在第二次世界大战中首次飞越本国领土，长距离奔袭。总计 22 架"威灵顿"轰炸机分 3 批次分别对多特蒙德 – 埃尔姆斯运河（Dortmund–Elms canal）、鲁尔工业区以及埃森（Essen）进行空袭，这 3 个地方上空都被厚厚的云层覆盖着，因此，只有 13 架飞机投出的炸弹落在了目标区域。在这轮行动中，至少有一架"威灵顿"轰炸机冒险从云层底部穿出，并用机载机枪在林根（Lingen）附近扫射了一列火车。值得一提的是，参

上图：北美飞机公司的P-51装配线的一角。(档案编号LC-USW3-055245-C)

加这次空袭行动的所有飞机，都安全返航了！

到了 1942 年末，英国皇家空军的首批订单交付完成，共有 520 架"野马" I 和 92 架装备 4 门机炮的"野马" IA 战斗机跨过大西洋，运送到英国本土。Mk I 型计划装备给 23 个中队，其中 6 个中队同时装备 Mk IA 型。

1941 年 12 月 7 日，日本偷袭位于夏威夷的珍珠港，美国随即参加了第二次世界大战，美军再次关注了"野马"战斗机。经过对 XP-51 原型机大量的飞行测试之后，美国陆军航空队决定从英国皇家空军的"野马" IA 订单中"截和"，将其中的 57 架纳入自己麾下，其中 55 架飞机安装了航空照相机，当作侦察机使用，并被赋予了侦察机的型号 F-6A。

与此同时，北美飞机公司在"野马"战斗机的基础上研制了专门用于对地攻击的 A-36"阿帕奇"（Apache）攻击机。该机配备了俯冲减速板，可执行俯冲轰炸任务。1942 年 4 月，美国陆军航空队订购了 500 架 A-36A 攻击机，首架飞机在 1943 年 12 月 21 日进行了首飞，在转年 4 月进入一线部队服役。该机可以挂载两枚 500 磅炸弹，每侧翼下挂载一枚。

一架 P-51 在加利福尼亚州洛杉矶的北美飞机公司英格伍德工厂内进行末期阶段的装配作业。（档案编号 LC-USW36-491）

右图：北美飞机公司整备区域一角，眼前的这架 P-51 战斗机正在进行出门前的最后总装工作。外面的其他"野马"战斗机正在进行试飞前的最后调试。（档案编号 LC-USW3-055294-C）

下图：北美飞机公司外场装配线上，一名涂装工人正在清洁一架 P-51 机尾外表面，清理完毕后，就可以喷涂伪装色了。（档案编号 LC-USW36-258）

53—55 页图

1. 涂装工人在整机喷涂前，将一架 P-51 战斗机的机体表面清理擦拭干净。（档案编号 LC-USW3-055229-C）

2. 北美飞机公司加利福尼亚英格伍德工厂整备作业区内的 P-51"野马"战斗机临时安装木轮，以便在作业区内移动。当完成整备，即将进行试飞的时候，就会换上带有橡胶轮胎的普通机轮。（档案编号 LC-USE6-D-007382）

3. 上图 一架 P-51 战斗机从总装线下线，移动到整备作业区的时候，主起落架支柱上装的还是木轮。换上正式的胶胎轮，准备试飞的时候，木轮将会送回总装线，装到即将下线的其他同型飞机上，实现物料的循环。（档案编号 LC-USW3-055207-C）

4. 英格伍德的合同试飞部门的机要人员对每次公司试飞员的飞行活动作出详细的记录。（档案编号 LC-USW3-055197-C）

5. 北美飞机公司的飞行测试机组人员正在对一架即将首飞的 P-51 战斗机进行检查。（档案编号 LC-USW3-055231-C）

6. 驻北美飞机公司的陆军航空队军代表 B.R. 埃克斯坦因上尉（Captain B.R.Eckstein）登上这架 P-51 战斗机，进行最终接收的测试飞行。（档案编号 LC-USW3-055230-C）

北美飞机公司英格伍德工厂的
机场停机坪上，多架完成整备
的P-51战斗机即将进行试飞。
（档案编号 LC-USW36-495）

上图：正在进行拆解分装的一架为英国皇家空军制造的"野马"，即将装船运往英国。（档案编号 LC-USW3-055299-C）

右图：加利福尼亚州英格伍德的发运部的女工正在给一架"野马"覆盖透明薄膜，之后该机将以大件分装的形式固定在木架内，装船发运，送到英国皇家空军这个大客户手中。（档案编号 LC-USE6-D-007787）

左图：加利福尼亚州英格伍德工厂中，一架被拆成大部件的"野马"战斗机固定在木制笼架中，准备装船发运给英国皇家空军。（档案编号LC-USE6-D-007784）

下图：英国皇家空军第26中队的3架"野马"战斗机编队飞行，该中队是英国皇家空军首个接收并使用这种新型战斗机的作战单位。[马汀·考尔顿（Martyn Chorlton）供图]

A–36 攻击机在设计时为对地攻击专门做了优化,机体结构上做了大量的改进和结构加强,发动机也进行了对应的升级,可以在低空输出更大的功率。然而,该机并不像预想的那样出色,A–36 由于加强了机体结构,比 P–51 要重,而且翼下的炸弹挂架产生了额外的阻力,因此飞行性能要比 P–51 逊色。1943 年 3 月,英国皇家空军在博斯坎普城测试了一架 A–36A 攻击机,机号为 EW998。然而该机并不是英国皇家空军唯一的一架 A–36,1437 飞行队从 1942 年 3 月开始在北非执行侦察袭扰任务,在 1943 年从美国陆军航空队至少接收了 6 架 A–36 攻击机用于充实中队的编制。

在这段时期,美国陆军航空队看到英军装备的"野马"具备显而易见的潜力,于是在 1942 年 9 月订购了 1200 架 P–51A 战斗机。P–51A 装备一台升级了增压器的"艾利逊"V–1710–81 发动机,换装了更大的螺旋桨,提高了飞机的最高速度,并大大提升了高空性能表现。美国陆军航空队将其中 50 架改装为侦察机,安装了两台航空相机,赋予新型号 F–6B。之后又按同样标准改造出 50 架,并交付英国皇家空军,其英国型号为"野马"II,用于替换先前装备的 50 架 F–6A 侦察机(改装自前文提到的那些美国陆军航空队从英国人的订单中"截和"的"野马"I 战斗机)。升级过的发动机可以让"野马"II 战斗机在 10000 英尺高度的时速突破 400 英里,在挂载副油箱的情况下,本已令人惊叹的航程可以增加到超过 1200 英里。

装备"梅林"发动机

罗尔斯 – 罗伊斯公司的试飞员罗纳德·哈克(Ronald Harker)常常回顾"野马"战斗机的历史。如果 1942 年 4 月,空中作战发展中心(AFDU)的高级官员没有到访达斯福德,"野马"战斗机可能就要永远错失发挥出巨大潜力的机会了。在他短暂访问期间,哈克驾驶着AG442 号"野马"I 战斗机为其进行了 30 分钟的飞行表演。表演的时长足以让他对"野马"战斗机留下深刻印象,让他不由自主地与梅塞施密特 Bf 109F 战斗机进行对比。如果换装更好的发动机,它就能与德军更新锐的 Fw190 战斗机匹敌,并且能比最新型的"喷火"战斗机飞得更快。这种新发动机是什么呢?毫无疑问的,就是罗尔斯 – 罗伊斯"梅林"发动机,"梅林"Mk61 发动机的功率高达 1565 马力,哈克认为这是"野马"战斗机提升性能最需要的发动机。罗尔斯 – 罗伊斯公司的技术总监海福斯勋爵(Lord Hives)经过缜密思考和计算,得出结论,换装"梅林"发动机的"野马"的飞行速度可以比安装"艾利逊"

对页图:414 中队的霍利斯·"霍利"·希尔斯中尉是第一位驾驶"野马"击落敌机的飞行员,取得战绩的座机是 AG470 号"野马"I 战斗机。希尔斯是在皇家加拿大空军服役的美国志愿飞行员,当美国参战后,他加入了美国海军,在太平洋战场上驾驶格鲁曼"地狱猫"(Hellcat)战斗机。(马汀·考尔顿供图)

发动机的"野马"快 70 英里 / 小时。接下来，3 架"野马"战斗机抵达诺丁汉郡的哈克诺（Hucknall, Nottinghamshire），用于换装"梅林"发动机，首架改装用机 AM121 在 1942 年 6 月 7 日抵达。

当哈克诺的改装工作开始时，美国版本的"梅林"发动机的许可生产协议也完成签署了。帕卡德（Packard）公司成功完成谈判，达成协议，制造带有二级增压的 V-1650-3 发动机，也就是被人们称为"帕卡德梅林"的"梅林"68 衍生型发动机。首批 19000 台发动机将从 1942 年 12 月开始陆续走下生产线，北美飞机公司的工程师们在生产"野马"战斗机时就可以用上本土生产的"梅林"发动机了。

1942 年 10 月 13 日，首架装有"梅林"发动机的 AL975/G "野马"战斗机做好了首飞准备，该机被称为"野马"X，罗尔斯－罗伊斯公司的首席试飞员罗恩·T. 谢菲尔德上尉（Captain Ron T. Shepherd）驾驶该机进行了首飞。"梅林野马"在外形上最明显的识别特征就是鼓起的下部发动机整流罩，可以让化油器和中间冷却器散热器的进气量成倍提高。螺旋桨也换成了四叶桨。在试飞期间，"野马"X 在 21000 英尺高空飞到了 425 英里 / 小时的速度，比早期装有"艾利逊"发动机的飞机的速度有明显的提升。在升限试飞中，谢菲尔德将 AL975 飞到

下图：2 中队的指挥官正在监督机械师在他的"野马"座机上安装一台 F.24 倾斜照相机，随后他将驾机带领编队支援诺曼底登陆作战。（马汀·考尔顿供图）

了令人难以置信的 40600 英尺的高度！

AL963 是第二架装备"梅林"发动机的"野马"，在 11 月 13 日进行了首飞，该机外形更加流畅，气动性能更加优越。发动机凸起的下部整流罩被移除，挪到了原先机腹的位置。发动机罩上的百叶窗散热口被封闭，尾翼的外形也经过了修改，略微延伸了一些。经过这些改进，AL963 在 22400 英尺高度的速度达到了 422 英里/小时。之后该机在哈福德郡的博文登（Bovindon, Hertfordshire）转交给美国陆军航空队航空技术处。

下图：3 架 A-36 俯冲轰炸机编队飞行，这是第一个进入美国陆军航空队服役的对地攻击专用型号。（北美飞机公司供图）

美国在第二次世界大战参战后，对"野马"战斗机产生了浓厚的兴趣，并且该机在英国皇家空军的实战表现也证明了其极富潜力。照片拍摄于1942年10月，这架"野马"Mk I 战斗机正在美国加利福尼亚州英格伍德上空进行飞行测试。（档案编号 LC-USW36-250）

AM121 号机是第三架安装"梅林"发动机的原型机，在 12 月 13 日进行了首飞。该机做了一项明显的改进，除了发动机以外，换装了桨叶更宽的螺旋桨。该机并未由罗尔斯 – 罗伊斯公司进行试飞，而是在达斯福德直接交给空中作战发展中心（AFDU）进行测试，随后与 AL963 号机在博文登会合，一起进行试飞。在这 3 架试验飞机中，从罗尔斯 – 罗伊斯公司接收的 AG518 号机没有安装任何枪械、装甲或有实战意义的设备，还不能满足实战改装的要求。AM208 号机是第二架安装"梅林"发动机的试验机，前部散热器的鳃片做了永久封闭处理，在 22000 英尺的高度可以达到 433 英里 / 小时的最高速度，成为第一批"野马"战斗机中飞得最快的一架。AM203 是第三架进行发动机换装的飞机，安装了直径为 11 英尺 4 英寸的四叶木制螺旋桨，在 21000 英尺高度的速度可达 431 英里 / 小时。

把眼光转向美国，美国陆军航空队驻伦敦副武官托马斯·希区柯克少校（Major Thomas Hitchcock）签署了"野马"战斗机配备罗尔斯 – 罗伊斯发动机的授权协议。这份协议得到了哈里·"幸运哈普"·阿诺德将军（General Harry 'Hap' Arnold）的支持，在 1942 年 7 月，北美飞机公司获得两台帕卡德公司生产的"梅林"发动机，用于装在两架 P-51 飞机上进行测试。V-1650-3"梅林"发动机装到了序列号为 41-37352 的 XP-51B 飞机上，该机于 1942 年 11 月 30 日进行了首飞。

对页图：1943 年初，英国飞机和军械评估研究院对一架 A-36（机号 EW998）进行测试飞行。英国皇家空军虽然没有大量采购该机，但至少有 6 架 A-36 攻击机从美国陆军航空队"挪用"过来，分配给 1437 飞行队使用，在北非参加了战斗。（马汀·考尔顿供图）

下图：两架第 1 空中突击队的北美 P-51A 在缅甸上空编队飞行。照片中远处的 1 号机由司令官菲尔·科克伦（Phil Cochran）驾驶，近处的 13 号机"弗吉尼亚夫人"号（Mrs Virginia）由副司令贝蒂（Petty）驾驶。（美国空军供图）

这张拍摄于 1944 年 6 月的照片上，机号为 FX898 的"野马"III 战斗机在翼下挂载着两个副油箱。这让本来就以"腿长"出名的"野马"战斗机额外增加了更多的航程。(马汀·考尔顿供图)

与"梅林"发动机的适配为新型"野马"的问世铺就了道路，为美国陆军航空队研制的P-51B和C型，以及对应的英军型"野马"III也进入了批量生产。美军使用的两种亚型的识别方式仅为飞机的生产地，P-51B型在加利福尼亚州英格伍德生产，飞机完整型号带有–NA的后缀（如P-51B-1-NA，译者注），P-51C在北美飞机公司位于得克萨斯州达拉斯市沃斯堡的新工厂制造，完整型号带有–NT的后缀（如P-51C-10-NT，译者注）。1943年初，"野马"X试验机的测试尚未完成时，美国陆军航空队就急火火地订购了400架P-51B，英国皇家空军也订购了1000架"野马"III战斗机。

英国皇家空军的新型"野马"III战斗机，一改其"马"前辈专注低空作战的传统，成为真正的"全高度"战斗机，这要归功于帕卡德根据授权制造的罗尔斯–罗伊斯"梅林"V-1650-7发动机，该发动机的功率高达1680马力。机翼上的结构加强点可安装挂架，在每侧机翼下各挂载一枚1000磅炸弹或者派特拉姆（Pytram）制造的副油箱，挂载副油箱时，飞机的航程可增加到1700英里。固定武器为每侧机翼内安装的两挺0.5英寸口径机枪。

对页图：这张拍摄于1943年4月的照片中，正在飞行的是第二架安装了罗尔斯–罗伊斯"梅林"发动机的"野马"原型机，机号为AM208。（马汀·考尔顿供图）

下图：机号为42-106767的P-51B战斗机的座舱盖是早期样式，飞行员驾机时，视野受到座舱盖框架的阻挡。（美国空军供图）

1943 年 5 月 5 日，第一架量产型 P-51B 战斗机在英格伍德首飞，第一架 P-51C 战斗机随后在 8 月 5 日首飞。尽管在欧洲作战的第 8 航空军对远程的护航战斗机望眼欲穿许久，但首个接收 P-51B 战斗机的却是第 9 航空军——1943 年 11 月，驻萨福克郡博戈斯特（Boxted，Suffolk）第 9 航空军 454 战斗机大队接收到第一架 P-51B 战斗机。第一架对应的英军型 "野马" III 战斗机在同月抵达英国，英国皇家空军第 65 中队在 12 月成为第一个接收该机的英军作战单位。"野马" III 最终装备了英国皇家空军 11 个一线作战中队，全部作为双重任务战斗机使用，起初为美国轰炸机白天的轰炸行动提供护航，后来加入了对地攻击任务。

在美国飞行员眼里，以 "艾利逊" 发动机为动力的 "野马" 战斗机飞行品质优良，机动性相当不错。配备 "梅林" 发动机的 "野马"，对飞行员的操控技术就有比较高的要求了。首先，"梅林" 发动机的动力更强，其次，从三叶螺旋桨变为四叶螺旋桨，反作用力矩和进动效应明显增加，对战斗机的方向稳定性造成明显的影响，在 P-51B/C 战斗机上，飞行员要更加频繁地对飞机的姿态进行修正，以保持正确的机头指向。虽然 "梅林野马" 不是那么容易飞，但其飞行性能和作战

下图：隶属于 357 战斗机大队的 P-51B "咻咻婴儿"（Shoo Shoo Baby）号战斗机。（美国空军供图）

效能却是毋庸置疑的。

第一批 P-51B 抵达英国后，立刻被交付美国陆军航空队第 9 航空军第 354 战斗机大队，充实其作战力量。这些飞机最初的用途是对地攻击，以支援地面部队，防备敌人从占领的欧洲国家对英国进行入侵。让这种高性能的战斗机去执行对地攻击任务这种"脏活儿"，美国陆航第 8 航空军对此决定颇有微词。该作战单位在欧洲上空进行昼间空袭行动，已遭受重大的装备和人员损失，他们的轰炸机需要一种性能更好的远程战斗机提供护航，装有"梅林"发动机的 P-51B/C "野马"战斗机无疑是上佳之选。

与此同时，第 9 航空军也不愿意让这种新型且高效的战斗机随随便便产生战损。经过多轮协商，终于在 1943 年 11 月达成了一致。第 9 航空军的"野马"战斗机将为第 8 航空军的轰炸机提供支援和护航。354 战斗机大队在 1943 年 11 月抵达英国，仅在巴克夏的格林汉姆公地（Greenham Common，Berkshire）休整了两天，便出发前往埃塞克斯郡考切斯特（Colchester，Essex）附近的博戈斯特执行作战部署了。

"马尔科姆"座舱盖

考虑到早期型"野马"战斗机已在英国皇家空军服役了一段时间，"野马"III 型到来之前，该机是英军中少数有能力前往敌占区上空作

上图：为了改善英国皇家空军的"野马"III 和美国陆军航空队大量装备的 P-51B/C 战斗机最为飞行员诟病的地方——座舱的视野，飞机换装了气泡形状的"马尔科姆"（Malcolm）座舱盖，这种向外凸出且没有多余框架的座舱盖显著改善了飞行员的视野。（马汀·考尔顿供图）

战的，但是该机的一些基本设计需要进行重大改进，才能更好地执行进攻性任务。首先就是座舱内较差的视野，尤其是后向视野，这在战斗中很容易吃亏。为了在新机上解决这个问题，英国皇家空军决定去掉原机标配的 3 片式座舱盖（左侧一片向下放倒，顶部一片向右翻开，译者注），替换上一个单片式的气泡形球状外凸的座舱盖（类似"喷火"战斗机那种座舱盖，译者注），在座舱盖下面安装一对滑轨，使该座舱盖可向后滑动打开。新座舱盖由英国马尔科姆公司（R. Malcolm & Co.）生产，这种座舱盖便以"马尔科姆座舱盖"的名称传开了。换装新座舱盖后，座舱里看着明显宽敞了，飞行员的后向视野得到了改善，下方视野也变得更好了。这种座舱盖装到了大量"野马"III 战斗机以及驻英国的美国陆军航空队 P-51B/C 战斗机上，得到了广大飞行员的好评。很多英国皇家空军和美国陆军航空队的飞行员都认为这种"野马"战斗机是实战中最好用的"野马"，即使该型机的主要短板是只装了 4 挺机枪，火力要弱于装 6 挺机枪的型号，但依然是飞行员的最爱。

"野马"III 快速进入部队服役，在作战一线，难免出现问题，必须解决掉。一个值得警惕的问题是飞机在高速俯冲时有时会产生严重震颤，极端情况下机翼会从机身上撕掉，但这种情况很少发生。经调查发现，在高过载机动时，机翼上表面的弹药舱盖板或下表面的起落架舱门会被气流冲击而突然打开。一旦盖板被掀开，机翼强度就会打折扣，然后就会损坏，但这个问题很快就被解决了，最终"野马"成为最可靠的作战飞机之一。

D 日作战中的"野马"

1943 年 11 月 15 日，由第 2、83 和 84 大队，以及 34 战略侦察联队整编而成的第 2 战术航空军在布莱克内尔市拉姆斯莱德镇（Ramslade，Bracknell）成立，归属盟军远征空军（AEAF）管辖。34（R）联队主要使用驻英国本土的英国皇家空军"野马"I、"野马"IA 和"野马"II 战斗机，仍旧用于执行低空侦察袭扰任务。这些飞机为盟军在欧洲大陆推进作出了不可磨灭的贡献。

从 1944 年初，这些飞机不断执行着照相侦察任务，拍摄到法国北部海滩大量反登陆障碍物、斜面和海边地形等照片。机上安装的倾斜航空侦察相机在各次任务中物尽其用，尤其在低空侦拍远处的海岸布防情况时，起到了极大的作用。飞机在距离海岸线约 3.5 英里的地方超低空飞行，给即将参加登陆作战的舰长和登陆艇艇长提供了大量有用的情报，为确定抢滩登陆的航线提供了巨大帮助。后来飞机又使用倾斜相机在距海岸线 1500 码的距离上拍摄了大量照片，为登陆作战排长们提供了大量战场的实景照片。在这个距离上拍照，和他们将来跳下登陆艇，奔向战区的视角和距离是高度类似的，可有效地让他们提前熟悉战场环境。在 2000 英尺高度，又拍摄了大量登陆地区腹地的照片。海滩后面大量区域和物体均被拍摄下来，包括桥梁、河岸和布防火力点位等均清晰地出现在侦拍照片中。

1944 年 6 月 6 日，英国皇家空军的"野马"战斗机分配到了第一个任务，为海军舰炮的打击效果提供评估，并提供校射服务。268 中队和 414 中队的"野马"IA 战斗机在 04:55 首批升空作战。其他中队的"野马"在 05:00 起飞，包括 5 架 2 中队的"野马"II 战斗机，这些飞机负责为计划 06:31 在犹他（Utah）海滩登陆的第一批美军提供火炮校射服务。这 3 个中队的"野马"战斗机当天早上共执行了 81 架次的校射任务，仅有 2 中队的一架"野马"战斗机被敌方防空炮火击中，但飞机仍然挣扎着飞回本场，并安全着陆。当天的首次侦察任务也是在日出前开始的。05:00，168 中队的两架"野马"战斗机升空了，转向南方，在低空朝着诺曼底海滩飞去。430［皇家加拿大空军（RCAF）］中队是下一个加入这个任务的"野马"战斗机中队，该中队的"野马"双机在 05:05 起飞，朝着法国飞去。这些中队全天都派出"野马"战斗机轮番执行任务，从 08:25 开始，268 中队的"野马"战斗机也加入了这场"车轮战"。

防空轻武器是本次战役中遇到的主要威胁，但当天却有一架"野马"战斗机被盟军自己的防空火力误伤。到了中午，敌方空中力量活动增多，430 中队的"野马"战斗机遭遇敌机的次数明显多于其他"野马"战斗机中队。

刚刚进入飞行中队服役的"野马"III 战斗机也参加了诺曼底登陆作战。在这伟大的一天中，分属 7 个中队的"野马"III 战斗机做好了战斗准备。19、65 和 122 中队移防到西苏克塞斯郡的方汀顿（Funtington, West Sussex），为前方登陆场（ALG）提供空中支援，同时，129、306 和 315 中队的"野马"从在同一地区的库勒姆（Coolham）起飞，前往前方登陆场进行支援。第 7 个作战单位是驻诺福克郡科尔蒂瑟尔（Coltishall, Norfolk）的负责英国本土防空的 316 中队。6 月 6 日傍晚，所有的"野马"III 战斗机全部完成"绿头鸭"行动（Operation Mallard）的作战任务返航，第二批突击队员搭乘滑翔机对敌占区发起了攻击。登陆行动发起后的几天，"野马"III 战斗机在作战行动中变得愈加活跃，深入敌占区，试图将作战前线向前扩展。

361 战斗机大队 376 中队的 P-51B "野马"战斗机群准备起飞。这些飞机里包括 42-106707 "困倦时髦女郎"（Sleepy Time Gal）号和无线电呼号为 E9-V 的 42-106945。（美国空军供图）

上图：两架 XP-51D 原型机中，试飞中拍摄的这架 43-12102 是用一架 P-51B 改造而来的。该机配备的气泡式座舱盖为飞行员提供了绝佳的视野，固定武装换为 6 挺大口径机枪，该亚型很快投入批量生产。（美国空军供图）

执行防空作战任务

"野马"III 战斗机在防空作战中表现出色，尤其是拦截 V-1 巡航导弹。1944 年 6 月 13 日，第一枚 V-1 导弹落入伦敦市区，引起市民的极度恐慌。为了让"野马"III 战斗机能追上巡航速度达 390 英里 / 小时的 V-1 导弹，多架"野马"III 进行了非正式的改装。换用特制的高辛烷值汽油，辅以对发动机进行特别调校，提高了进气歧管的压力，使改装后的"野马"在 2000 英尺高度的最高速度可达 420 英里 / 小时。改装后飞行速度提升的"野马"大大提高了拦截巡航导弹的成功率，截至 1944 年 9 月末，"野马"III 中队共击落了 232 枚 V-1 巡航导弹。

"野马"III 执行的另一项任务是在 1944 年 10 月，为驻苏格兰班夫郡和达拉奇的轰炸机联队提供护航和基地上空的空中护卫。19、65 和 315 中队长途跋涉，跨过北海，为沿挪威海岸对轴心国船队发动空袭的"蚊"式和"英俊战士"战斗轰炸机提供空中掩护。

"野马"III 从 1944 年 4 月起，在意大利接替 260 中队老旧的寇蒂斯"小鹰"战斗机，到北非沙漠上空执行作战任务。

P-51D

在美国本土，北美飞机公司很快意识到 P-51B/C 战斗机存在的缺陷，并着手对"野马"战斗机重新设计，使其成为第二次世界大战中螺旋桨战斗机的王者。英国皇家空军对"野马"III 战斗机超级满意，尤其是更换"马尔科姆"座舱盖，大大改善了飞行员的视野以后。北美飞机公司在此基础上更进一步，着手设计一种装有无框气泡座舱盖的亚型。第一架 XP-51D 在 1943 年 11 月 17 日首飞，飞机配备了新型的座舱盖，削低的机背，成为与早期型"野马"在外形上最大的区别。P-51D 的机枪数量增加到 6 挺，并水平安装在机翼内，减少了卡壳现象的发生。机翼经过重新设计，弦长更长，垂尾根部向前延伸出一条背鳍（P-51D-10 开始增加背鳍，稍早期的 P-51D-5 依然保留 P-51B 的垂尾特征，译者注），以改善方向稳定性，换装了更坚固的起落架，以适应机体重量的增加。

下图：第 8 航空军的"小朋友们"——战斗机飞行员在进行飞行前的任务简报。"野马"的"司机"们在简报中听到他们将要护送的"大朋友"——轰炸机已经升空，在飞往欧洲敌占区的途中。（马汀·考尔顿供图）

1945 年 6 月 7 日，78 战斗机大队的 P-51D/K 战斗机在达斯福德机场列队展示。左边近处这架飞机，无线电呼号为 WZ 开头，方向舵涂成黑色，是 84 战斗机中队的飞机。它们前面一排飞机，方向舵为白底红边，是 83 战斗机中队的"野马"战斗机。（美国国家档案馆供图）

美国陆军航空队张开双臂欢迎新型的 P-51D 战斗机的到来，而英国皇家空军起初却对 P-51D 兴趣索然，不愿意换掉得心应手的 "野马" III，或者用英国自己生产的新战斗机来替换。最终，北美公司拿到了英国皇家空军下达的 874 架飞机的订单，首批飞机在 1944 年 9 月交付。在这批飞机之前，北美飞机公司从美国陆军航空队 "征用" 了两架 P-51D 战斗机，经过一些改进，成为英国专用的 "野马" IV 战斗机。飞机和军械评估研究院在 1944 年 7 月拿到了这两架飞机，并赋予英国皇家空军的自编号 TK586 和 TK589，一直在博斯坎普城服役直到报废，两架飞机分别于 1946 年和 1947 年初报废拆解。订单分为两批执行，分别是 P-51D 和 P-51K，"野马" IV 和 "野马" IVA。IV 和 IVA 的唯一区别就是 IV 型安装的是汉密尔顿螺旋桨（桨叶较宽且形状复杂，译者注），而 IVA 型安装的是航空产品公司生产的螺旋桨（传统外形的窄桨叶，译者注）。

英国皇家空军共有 15 个中队要换装 "野马" IV 战斗机，第一个进行换装的是 65 中队，在 1944 年 12 月接收到了飞机。1944 年 2 月末，在 19 中队，有 65 名飞行员第一次实战出击，驾驶的就是 "野马" IV 战斗机。和他们的美军战友一样，英国皇家空军的 "野马" IV 也用来执行远程护航任务，最远向东飞到柏林。1945 年 4 月 16 日，英国皇家空军第一架在德国首都上空与苏联飞机会合的飞机是来自 611 中队的 "野马"。

很多中队在战后的 1946 年，都将手中的 "野马" 替换掉了，但是驻塞浦路斯尼克西亚（Nicosia）的 213 中队，直到 1947 年 2 月才退役掉手中的 "野马" III 和 "野马" IV 战斗机。数百架 "野马" IV 型战斗机从英国皇家空军退役，在返回美国本土前，剩余寿命期内几乎都停放在露天维护场停机坪上。英国皇家空军最后一架 "野马" 是在 1947 年 10 月官方宣布退役的。

绝大多数生产出来的 P-51D 战斗机（6502 架在英格伍德工厂生产，1454 架在达拉斯工厂生产）都是美国陆军航空队订购的，在欧洲战场和太平洋战场都取得了极大的战果。该机的巨大航程使其广泛应用在为轰炸机远程护航和游猎敌方战斗机的任务中。

先期到达欧洲的美国陆军航空队的 P-51D 战斗机，首先分配给各战斗机大队和中队的指挥官们，他们可以利用飞机的良好视野更好地监控空中的作战态势。很快驻欧洲美国陆军航空队几乎全部 15 个中队都装备 "野马" 战斗机了。第 8 航空军的一个大队几乎整建制地从 P-47 战斗机更换为 P-51D 战斗机。"野马" 战斗机在作战中占尽优势，这是盟军中第一种能为深入敌占区进行穿梭空袭的轰炸机提供全程护航的战斗机，轰炸完毕后，继续向前飞往苏联（从英国基地起飞时）或北非（从意大利基地起飞时）。尽管 P-51D 跟随轰炸机编队飞行了如此远的距离，但依然有足够的余油和遇到的敌机进行空中格斗。日复一日，第 8 航空军的轰炸机由他们的"小朋友"（美国陆军航空队给战斗机护航行动取的暗语）护送到目标区域，仅仅会遭受到战斗机的拦截。"野马"机群遭遇敌机拦截时，便抛掉翼下的副油箱，轻装上阵，与敌机进行缠斗，保护轰炸机的安全。

征战全世界

"野马"战斗机历史上的高光时刻是在欧洲战场上的空中作战，但这个型号也同样活跃在第二次世界大战的其他战场上。1943 年夏季，美军西北非洲军团，第 12 空中支援指挥部下辖的两个美国陆军航空队战斗轰炸机大队（FBG）就装备了 A-36 攻击机。27 和 86 战斗轰炸机大队的飞机在盟军 1943 年西西里登陆作战中打头阵。

31 和 52 战斗机大队在北非作战期间曾经装备超级马林"喷火"V 战斗机，在 1944 年春季换装"野马"战斗机，接下来配合第 12 航空军执行战术任务。在 1944 年初，美国陆军航空队的重型轰炸机正在对意大利南部福贾（Foggia）地区的机场进行空袭。直到那时，他们还需要战斗机为他们护航，可是当时没有航程足够远，可以为轰炸机全程护航的战斗机。

31 战斗机大队新换装的"野马"战斗机解了燃眉之急，该机的航程可以覆盖联合飞机公司的 B-24"解放者"轰炸机在 4 月 21 日对罗马尼亚普洛耶什蒂（Ploesti）油田轰炸行动的往返路程，而该次轰炸行动，堪称第二次世界大战中最著名的一次。在完成轰炸任务返航的途中，"野马"战斗机的飞行员遭遇了敌机的拦截，与之进行空战，并取得了击落敌机 17 架的战果。

在 1944 年，投入太平洋战场的"野马"战斗机，数量显著增加。第 10 航空军早在 1943 年末就使用 A-36 和 P-51 参加战斗了，在密支那（Myitkyina）对取得优势的中美联军进行空中支援，F-6 侦察型也执行了侦察任务。1944 年 3 月，原先装备 P-40 战斗机的 51 战斗机大队退役破旧不堪的"战鹰"战斗机，换装崭新的 P-51B/C"野马"战斗机，在同年 11 月，82 侦察机中队将手中的 P-40 换成了 F-6D"野马"侦察机。

罕见的与B-17轰炸机群密集编队飞行的P-51D和P-51B组成的混合护航编队，这些"小朋友"来自361战斗机大队375战斗机中队。（美国空军供图）

上图：英国皇家空军在 1944 年 7 月接收了第一批"野马"Ⅳ 战斗机，其中一架飞机的机号为 TK589。从照片中可见，该机是从美国陆军航空队现役机队中抽调出来的（机尾的美军序列号还未被擦除干净，依稀可辨），该机和 TK586 号机一起，仅仅由飞机和军械评估研究院使用。"野马"Ⅳ 参战太晚了，没有对英国皇家空军战斗机司令部的作战行动产生实质性的影响。（马汀·考尔顿供图）

接下来就是夺取硫黄岛的血腥战斗，15 战斗机大队的"野马"战斗机在 1945 年 3 月初分批抵达小笠原群岛（Bonin Islands）的南部岛屿机场。这些战斗机在美国海军航母编队巡弋的海域上空巡逻。其他 P-51 战斗机执行对地攻击任务，对敌军的炮兵阵地和步兵进行轰炸扫射。P-51 战斗机在空战和对地支援任务中不断证明自己的价值，有力地扭转了美军在太平洋战区的被动局面。

1945 年 4 月 7 日，108 架第 8 战斗机司令部的"野马"战斗机护卫着 73 轰炸机联队的波音 B-29"超级堡垒"轰炸机对中岛—武藏工业区进行轰炸，"野马"战斗机的大航程特性得到有效的利用。这次空袭，是美国陆基战斗机首次飞到日本本岛执行作战任务。在这次任务中，每架"野马"挂载了两个 165 美制加仑的副油箱。

追求速度

"野马"战斗机的性能不比任何竞争对手差，并且拥有令人羡慕的大航程，北美飞机公司通过各种方法，持续对该机的爬升率和敏捷性进行改善，以达到结构重量更轻的超级马林"喷火"战斗机的水平。这就催生了"轻量化"的"野马"战斗机。

首架轻量化机体的验证机是 XP-51F，在 1944 年 2 月首飞，机体结构上，明显次要的位置使用塑料替换金属件，机翼变薄，机轮直径减小，两挺机枪可根据需要快速拆除，螺旋桨换成重量更轻的三叶桨。这些改造使整机轻了 2000 磅，最大速度提高了 30 英里 / 小时。然而，该机仅造出 3 架，并且在试飞中发现严重的方向稳定性问题，并且被认为不适合在表面不平坦的土机场上起降和运行，因此，XP-51F 就下马了。

另外一种改型是 XP-51G，换装一台功率显著提高的"梅林"145 发动机，该改型共制造两架，第一架在 1944 年 8 月首飞，最高速度达到 472 英里 / 小时。然而该机也被认为不适合在实际环境下使用。第 3 种轻量化"野马"试验机是 XP-51J，在 1945 年 4 月首飞。该型机和 F 与 G 型有些许设计差异，安装了一台新一代的"艾利逊"V-1710-119 发动机。该机有很大希望突破 490 英里 / 小时，但发动机存在严重的问题，无法全功率运行，因此，这意味着该型号也被砍掉了。

下图：这张拍摄效果极佳的照片中是一架 361 战斗机大队 375 战斗机中队的 E2-S 号 P-51D 战斗机，垂尾上的序号 44-13926 清晰可辨，该机挂载了副油箱，正在轰炸机编队外侧执行护航任务。（美国空军供图）

P-51 系列战斗机的最后一个生产型号是 P-51H（P-82 "双野马" 不算在内），该亚型主要基于 XP-51F，结合了其他几种轻量化试验型号的成果，使其满足批量生产和日常使用的要求。与 XP-51F 相比，H 型的机身加长并且纵向也加厚了，安装了一台 V-1650-9 "梅林" 发动机，拥有更高的输出功率，可以使用 150 辛烷值的汽油，配备了水 / 甲醇注入系统，可让发动机爆发出 2218 马力的应急战斗功率。该型机的空重比 P-51D 轻了 600 磅，于 1945 年 2 月 3 日首飞，获得 2000 架的订单。该型号刚刚在 1945 年中服役，但由于太平洋战争结束，订单取消，仅生产了 555 架。飞机刚要运往战区，第二次世界大战就结束了，该型飞机没有赶上实战。P-51H 的最高速度达到 487 英里 / 小时，是正式服役的活塞动力战斗机中最快的几种之一。英国皇家空军账面上有一架 P-51H，机号为 KN987，在博斯坎普城的飞机和军械评估研究院运行。一些 P-51H 战斗机继续在美国空军后备队和空中国民警卫队服役。

对页图：机尾涂成黄色的 P-51D 战斗机，隶属于 52 战斗机大队。照片拍摄于第二次世界大战晚期。（美国空军供图）

下图：P-51 战斗机为盟军取得第二次世界大战的胜利作出了重大贡献，所以，第 20 战斗机大队在国王悬崖（King's Cliffe）庆祝战争胜利日的这张照片中，这架 "野马" 战斗机无疑是最耀眼的明星，占据着 C 位。（马汀·考尔顿供图）

在朝鲜战争前线

在第二次世界大战结束后的几年，装备活塞发动机的战斗机依然是最好的成熟装备，很快，随着喷气式战斗机走向成熟，活塞式战斗机淡出了历史舞台。在冷战初期，为了满足军备竞赛的狂热需求，各种先进技术得到飞速发展，美国空军（USAF）提出快速实现一线战斗机全部喷气化的目标。而意气风发的美国空军是从美国陆军独立出来的军种，在 1947 年 9 月 18 日正式成立，其前身，美国陆军航空队也在这一天正式走入历史。

P-51 战斗机作为成熟装备，在美国空军继续服役了一些年头，所以，该机装备给多个战术战斗机、战术侦察和战斗轰炸机联队。1948年 6 月起，美国空军启用新的命名方式，将原先指代驱逐机的型号字母 "P" 更换为指代战斗机的型号字母 "F"，因此，在役的 "野马" 战斗机的型号变更为 F-51。在 20 世纪 50 年代初期，美国空军绝大部分作战单位开始退役他们手中的 "野马" 战斗机，其中的一些坚持服役到这个 10 年的中期。美国空中国民警卫队各单位仍旧保留数百架F-51 战斗机作为主力装备。从 1946 年 6 月开始，"野马" 战斗机共配备给 73 个国民警卫队［国民警卫队（NG）后来更名为空中国民警卫队（ANG）］作战单位。

下图：1945 年 8 月 1 日，在空军节开放日上，当地市民被邀请到剑桥郡达斯福德机场参观美军飞机。照片中有多架 P-51 和一架 P-47 "雷电" 战斗机，吸引大量游客到飞机前驻足观看，远处还能看到一架 B-17 轰炸机。（美国国家档案馆供图）

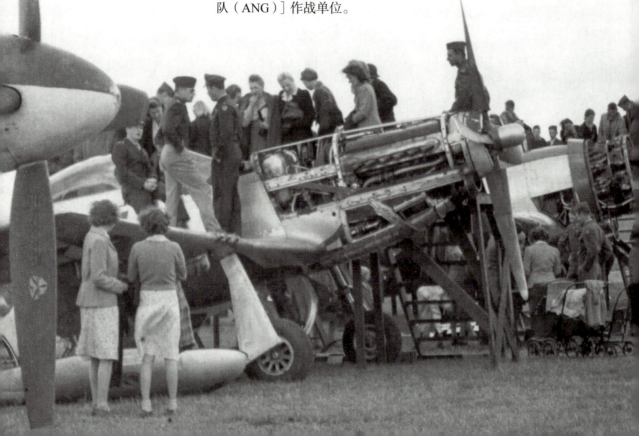

上图：之前常见为 B-17 轰炸机护航的"野马"战斗机，在太平洋战场上空为 B-29 轰炸机护航。（美国空军供图）

上图：1945 年 5 月，欧洲战场的战争结束，太平洋战场上的战争还要持续几个月。照片中有一架"野马"战斗机即将从小笠原群岛的硫黄岛的机场上起飞。"野马"从这个艰难夺取的基地中起飞，为波音 B-29 轰炸机对日本本土的轰炸行动提供全程护航，也会执行对日本本土的轰炸扫射任务。（美国空军供图）

对页上图：P-51H 是"野马"系列中最后一种量产型号，是一种"结构轻量化"改型。该型机出现得太晚，没有来得及参加战斗。（美国空军供图）

对页下图：美国空军 F-51 战斗机编队。（美国空军供图）

上图：P-51D 44-74938 在北达科他州国民警卫队服役。国民警卫队各单位从 1946 年 6 月起，开始装备 "野马" 战斗机。（美国空军供图）

下图：空中国民警卫队的 F-51 战斗机飞行员正在飞机旁讨论他们的飞行动作。（美国空军供图）

　　第二次世界大战结束后留下来的老飞机继续在远东空军（FEAF）服役，这些老飞机中就包括F-51 "野马" 战斗机，到了1949年，被洛克希德F-80 "流星" 喷气战斗机取代。1950年6月25日，战争的爆发促使 "野马" 战斗机重新回到一线服役。

　　南方军（韩国军队）无法抵抗装备和作战意志俱佳的北方军队，而且距离最近的美军基地在日本，人员和装备数量也不足以帮助南方军队发起任何有效的反击。在战争爆发以后，远东空军很快紧急征调更多的战斗机，这里面就包含老迈的F-51 "野马" 战斗机，每架退役后散落在日本周边的 "野马" 战斗机，但凡能修复继续飞行的，哪怕基本状况非常糟糕的，也都被收集了过来。一个前线战斗机部队，名为 "波特1号"（Bout One）的混成大队在6月27日匆匆成立，使用一些还能飞行的F-51战斗机执行拖靶任务，配合战斗机空中射击训练。这些飞机由韩国空军（RoKAF）飞行员驾驶，由美国教官带飞，飞机上简单地涂上南方机徽，覆盖掉原有的美军机徽。在该部队成立初期，大家意识到此时的南方飞行员缺乏正规训练和飞行经验，还不能驾驶F-51战斗机参加实战。所以实战任务仅由美军飞行员驾机执行。

下图：朝鲜半岛的暴雨将机场浇成泥泞的水塘，不利于飞机在机场内滑行移动，但这种恶劣的条件仍然无法阻止皮实的F-51战斗机日常行动。照片中这架18战斗轰炸机联队的 "野马" 战斗机在布满积水的主跑道上快速滑行，翼下挂载着炸弹和火箭弹。尽管地形条件和天气条件十分糟糕，但第5航空军的飞机仍然坚持每天对前线空军基地北部数英里的北方目标进行空中打击。（美国空军供图）

照片中这架 F-51 战斗机涂着鲜艳的红条涂装，表明其来自 67 战斗轰炸机中队（该中队的标志性涂装）。这个中队和 12、44 战斗轰炸机中队一起组成了 18 战斗轰炸机联队。（美国空军供图）

下图：1950 年 11 月，南非空军（SAAF）的 F-51 "野马"战斗机开始参加韩国釜山东部的战斗。照片中的南非空军著名的第 2 中队（"飞行猎豹"中队）的"野马"战斗机在执行韩国上空的首个作战任务前，做起飞前的发动机暖车，其他部队的人员聚集在机场上，预祝他们取得良好战果。"飞行猎豹"中队辅助美国空军 18 战斗轰炸机联队执行任务。南非空军的飞行员在战争期间出色地完成了他们的任务，值得一提的是，他们共获得了 55 枚杰出飞行十字勋章。（美国国家档案馆供图）

为了给战区补充更多的 F-51 战斗机，美国收到了更多的援助请求。到了 7 月中旬，总共有 145 架 F-51 整备完毕，由空中国民警卫队抽调过来的飞机和从封存状态恢复适航的飞机组成。这些飞机飞往加利福尼亚州阿拉梅达海军航空站（NAS Alameda）集结，并用保护膜包裹起来，吊装到"拳师"号（USS Boxer）航空母舰的甲板上，运往朝鲜半岛。一同前往的还有 70 名经验丰富的 F-51 战斗机飞行员，他们中很多人在第二次世界大战中都在美国陆军航空队飞过这个型号的飞机。

由于 F-51 在战场上空会遇到数量众多的敌机，并且性能上不占优势，因此该机主要用于对地攻击任务。该机的主要武器为火箭弹、普通航空炸弹和凝固汽油弹。而燃烧弹则是敌方地面部队的噩梦！凝固汽油弹是用副油箱改造的，内部充满黏稠的混合燃烧剂，挂载在"野马"战斗机翼下的副油箱 / 炸弹挂架上。一旦投下，则该弹落点附近便会炸出一大片火球，瞬间成为人间炼狱。

和参战的美国空军"野马"战斗机部队一样，皇家澳大利亚空军和南非空军的战斗机中队也带着"野马"战斗机到朝鲜半岛以"联合国

军"的身份参战，战争后期，更多韩国空军的"野马"战斗机加入了战斗。尽管这场战争发生在喷气战斗机崭露头角的时代，但是活塞螺旋桨动力的 F-51 战斗机很好地扮演了战斗轰炸机和战术侦察机这两个角色。截至 1953 年朝鲜战争结束，超过 190 架 F-51 战斗机在战斗中损失，其中绝大多数是在低空执行它们的主要任务时被防空火力击落的。

P-82 "双野马"战斗机

在第二次世界大战后期的几年，为了给远程奔袭敌国本土的轰炸机提供全程护航，产生了研制一种新型超远程的护航战斗机的需求。北美飞机公司开始对应该需求的新飞机的设计工作，设计团队提出了将两架"野马"拼接在一起，共用中央翼段组件和平尾组件的方案，而不是花更多的时间冒更大的风险去设计一架全新的飞机。

机身来自 P-51H，并且将机身加长，担任机长的飞行员坐在左边机身的座舱内，副驾驶坐在右侧机身的座舱内。两个机身中间的中段机翼内装有 6 挺 0.50 英寸口径机枪，炸弹和火箭挂架布置在外侧翼下。

下图：另一张拍摄角度绝佳的照片，照片中南非空军第 2 中队的"野马"战斗机正在做出击前的准备工作，照片拍摄于 1951 年 5 月朝鲜战争期间。（美国国家档案馆供图）

上图：F-82（44-83887）和 F-51（448474）战斗机编队飞行，二者的外形差异一目了然。（美国空军供图）

该项目共制造出 3 架原型机，两架原型机装有帕卡德"梅林"V-1650 发动机，型号为 XP-82，第 3 架装有"艾利逊"V-1710s 发动机，型号为 XP-82A。后者建造时使用"艾利逊"发动机的原因是英国政府取消了帕卡德公司后续制造罗尔斯 - 罗伊斯"梅林"发动机的生产许可证。首架使用"梅林"发动机的原型机，序列号是 44-83886，在 1945 年 4 月 15 日首飞。两个螺旋桨向内对转，可互相抵消扭矩，解决了大功率活塞发动机飞机常见的扭矩和进动的问题。

"双野马"展现了最初设计指标标称的强大性能，但由于第二次世界大战的结束，该机没有在战争中大展拳脚。美国陆军航空队一共下了 500 架 P-82B 的订单，但在制造完成 20 架飞机后，订单就取消了。这些初期批次中的两架飞机被改造成 P-82C 和 P-82D 夜间战斗机，用于评估该机作为夜间战斗机，是否具备替代诺斯罗普 P-61 "黑寡妇"夜间战斗机的潜力。

接下来的生产型号全都是配备"艾利逊"发动机的了。首先是 F-82E 远程护航战斗机，在新成立的战略空军司令部服役到 1950 年。然后是装备雷达的 F-82F 和 F-82G 夜间战斗机，在 1947 到 1953 年在防空司令部服役。还有一个型号是 F-82H，进行了"冬季适应性"改装，在寒冷的阿拉斯加使用。

F-82G 参加了朝鲜战争，作战表现优异并取得了美国空军在朝鲜战争中的第一次空战胜利。但是，"双野马"从未受到像其单发兄弟们那样的青睐。

在其他国家服役

1947 年 2 月，随着驻塞浦路斯尼克西亚 213 中队的"野马"MkIV 战斗机由霍克"暴风"替换，标志着"野马"战斗机全部从英国皇家空军退役。在美国，"野马"战斗机从一线除役后，很快被调拨给空中国民警卫队各中队使用，成为该组织最为广泛使用的战斗机。1957 年 2 月 14 日，最后一架 F-51D，序列号 44-72948，从西弗吉尼亚州空中国民警卫队退役，"野马"全部退出空中国民警卫队序列。

在朝鲜战争期间，"野马"战斗机获得新生，一线作战部队为了维持在朝鲜半岛上空的作战行动，征集了尽可能多的"野马"战斗机。韩国空军刚刚创立，发展较为缓慢，F-51 是他们唯一可用于作战的飞机。

下图：这张角度良好的俯拍照片中是 F-82C（44-65169），清晰展现了双机身以及共用的主翼和尾翼。（美国空军供图）

皇家瑞典空军（RSAF）是战后最大的"野马"战斗机的用户之一。在第二次世界大战期间，有一些"野马"战斗机紧急降落在中立国瑞典境内，并在被扣留了一段时期。在战争末期，皇家瑞典空军征用了两架扣留的飞机与本国制造的 J26 战斗机进行对比试飞。"野马"的试飞结果令军方相当满意，于是下达了 157 架飞机的订单。所有飞机在1948 年交付完毕，但这些"野马"仅仅服役到 1952 年便退出了现役。瑞典退役的 P-51 战斗机接下来转卖给拉丁美洲国家的空军和建国不久的以色列。

澳大利亚的英联邦飞机工厂在组装了 80 架"野马"战斗机后，根据授权许可，利用美国供应的部件，自行生产该型飞机，命名为 CA-17"野马"Mk20。下一批生产的 120 架飞机将会使用澳大利亚生产的部件，最早生产的 14 架飞机命名为"野马"Mk21，将会被升级到Mk22 的标准。在生产完一批 26 架 Mk21 型之后，生产 67 架 Mk23，最后一个订单是生产 13 架 Mk22 战术侦察型。

其他使用过"野马"战斗机的国家包括玻利维亚、加拿大、哥斯达黎加、古巴、多米尼加共和国、萨尔瓦多、法国、危地马拉、海地、洪都拉斯、印度尼西亚、以色列、意大利、荷兰、新西兰、尼加拉瓜、

下图：F-82G 从朝鲜半岛上一座简易机场起飞。尽管航空工程人员在 1951 年末修建完第一条硬质跑道，但直到朝鲜战争快结束的几个月，朝鲜半岛上仍留存着大量未铺装的简易机场跑道。（美国空军供图）

菲律宾、索马里、南非、瑞士和乌拉圭。最后一个淘汰"野马"战斗机的是多米尼加共和国空军，一直使用到 1984 年。

最终改型

1967 年，美国国防部与位于佛罗里达州萨拉托加市的泛佛罗里达飞机公司，后来的骑士（Cavalier）飞机公司签订合同，将南美国家正在使用的一批 F-51D 战斗机改造成对地攻击和反暴乱飞机。基于这项计划，骑士公司在 1967 年末制造出了明显经过"现代化改造"的骑士"野马" II 飞机。这架飞机的垂尾加高，以改善飞机的方向稳定性，翼尖安装了一对 110 美加仑的固定外置油箱，在翼下增加了 6 个外挂点，可挂载 4000 磅的外挂武器。该机在同年 12 月首飞，但是没有找到任何买家。

骑士公司打算进一步改进该机，推出了换装涡轮螺旋桨发动机的"涡轮野马" III，该机安装了一台罗尔斯 - 罗伊斯"标枪"涡轮螺旋桨发动机。座舱内全新升级了仪表和通信设备，但依然没有收到订单。

下图：这架 F-82G "双野马"战斗机隶属于 68 全天候战斗机中队，驻地为日本板付空军基地（Itazuke AB），在 1950 年 6 月 27 日，由哈德森（Hudson）上尉和弗雷泽（Fraser）上尉驾驶，在朝鲜战争期间击落了一架雅克 -9 战斗机，拿下了朝鲜战争中的第一个空战战果。（美国空军供图）

"野马"在第二次世界大战结束后，在几个国家的空军都参加过战斗，包括以色列。[保罗·马什（Paul Marsh）供图]

派珀PA–18"执法者"攻击机，注册号 N481PE，现在陈列在俄亥俄州代顿的美国国家空军博物馆内。尽管使用了很多新技术进行改造，但原有"野马"战斗机的线形仍清晰可辨。（美国空军供图）

充满历史意义的藏品：XP–51 41–038

实际上最有历史意义的一架保留下来的"野马"机体是XP–51（41–038），是第4架开始制造并完工的原型机。该机在1941年5月20日首飞，然后飞到位于俄亥俄州代顿的莱特机场（Wright Field）进行测试飞行，测试评估从8月进行到12月。后来转交给美国国家航空咨询委员会并转场至弗吉尼亚州兰利机场（Langley Field）作为测试平台使用。第二次世界大战结束后，41–038飞往伊利诺伊州奥查德机场（今芝加哥奥海尔机场），美国陆军航空队当时正在收集富有纪念意义的飞机，用于将来的展览。该机后来转移到马里兰州银山的国家航空航天博物馆，并在那里作为藏品存放了25年。1974年，该机作为一项复杂交换安排的一部分，转送到位于威斯康星州黑尔斯角（Hales Corner）的试验飞行器协会航空博物馆（该馆后来成为EAA的总部），转年转运到位，该机有了新家。对该机进行了一系列修复工作，使其恢复适航状态，并安排该机在1976年在奥斯卡什举办的EAA"飞来者"航展上向公众展示，在此之后该机仅在特别场合下进行飞行表演。由于该机极具文物价值，出于安全考虑，决定不再让其进行飞行展示，作为奥斯卡什EAA"飞来者大会"（AirVenture）博物馆的地面展示藏品保留至今。[鲍勃·哈克斯（Bob Harks）供图]

骑士公司的下一个方案是换装莱康明 T55 涡轮螺旋桨发动机的"执法者"攻击机。一共改造出两架原型机，第一架在 1971 年 4 月首飞。经过深度改进的"执法者"看上去很有希望，翼下装有 10 个外挂点，并配备了弹射座椅，但是由于缺乏后续资金，骑士公司在当年年末将该型号的设计权打包出售给派珀公司。派珀公司试图寻求订单未果，但是在 1981 年，该公司获得了制造两架原型机用于评估的合同。原型机的型号为 PA-48，在 1983 年初首飞，新改型在外观上与原先的"野马"存在着巨大的区别，但仍没有脱离野马原有的线条约束。美国空军依然没有订购该机，于是"执法者"这个工程下马了。这是"野马"系列战斗机的终极改型，与 1940 年 10 月问世的"艾利逊"发动机驱动的飞机已是天壤之别。从作战飞行这方面来讲，这种著名的战斗机在第二次世界大战及后来的朝鲜战争中有着上佳的表现，在史料中留下了浓重的一笔。

对页图：1951 到 1955 年间，P-51D 在新西兰皇家空军服役。照片中的这架飞机在机身两侧机徽旁画着红黑相间的棋盘格，表明该机隶属于 2 中队 ["坎特伯雷"中队]。[道格·琼斯（Doug Jones）供图]

下图：朝鲜战争期间，在日本岩国基地（Iwakuni），皇家澳大利亚空军的 F-51 战斗机正在进行维护。（美国空军供图）

2009 年 8 月 15 日，3 架"野马"在东安格利亚上空编队巡游飞行。离镜头最近的这架飞机是 P–51D "贾妮"号（414419，民用注册号 G–MSTG），由戴夫·埃文斯驾驶，是莫里斯·哈蒙德修复的第一架 P–51D。旁边是 CAC–18 "野马" Mk22 "漂亮大娃娃"（Big Beautiful Doll）号（472218，民用注册号 G–HAEC），由罗伯·戴维斯勋爵驾驶。莫里斯在距离镜头最远的那架飞机里，他驾驶的是 P–51D "曼尼内尔"号（44–13251，民用注册号为 G–MRLL）。（贾罗德·科特尔供图）

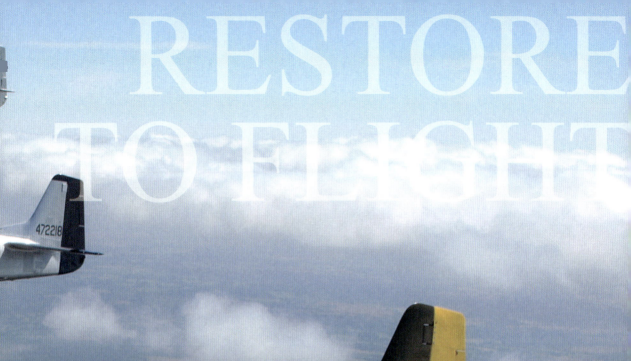

RESTORE TO FLIGHT

2 修复翅膀，重返蓝天

P–51 的产量巨大，战争结束后，大量该型飞机被当作剩余物资卖给民间飞行爱好者。这就解释了为什么现在 P–51 是适航机保有量最大的第二次世界大战战斗机，全世界大约有 150 架"野马"保持着飞行状态。想要仔细修复一架 P–51 飞机需要的不仅仅是大量的时间和费用，可能最重要的还包括无尽的情怀，因为它是一种要用时间证明的承诺。

用于修复工程的 "野马" 机体的技术状态

当你在世界范围内寻找可供修复的 P-51 机体时，你会遇到多种不同的型号、亚型和批次以及这些因素的各种排列组合，你要将一堆已被毁坏的金属部件收拾、整理并修复成一架崭新的适航飞机。残存机体存放在不同国家，经历着不同气候的洗礼，报废的时间以及各自的技术状态都千差万别。

在这些可搜集到的机体中，情况最为垫底的就是那些已成残骸的机体，这对修复者来讲是难度最高的，最富挑战性的工程。一个很好的例子就是 P-51D "曼尼内尔" 号，这架飞机在 1944 年 8 月 13 日的战斗中，对巴黎附近的目标低空扫射，被地面火力击中后，撞地坠毁，机体被严重损坏。

54 年后，"曼尼内尔" 号的残骸从法国运到英国，机体只剩下部分分段，很多小零件经过多年风霜，已丢失得七七八八了，配齐这些部件，需要花费很长的时间。机身主体的损坏主要由坠机时的冲击造成，但多年来的风化也造成了机体表面的剥落及腐蚀，留下了历史的印记，如果要修复该机，势必要替换很多必要的部件。

下图：1945 年 1 月 4 日，78 战斗机大队的 P-51D（序列号 44-63177，无线电呼号 MX-C）在达斯福德迫降。飞机的损伤相对较轻，可以被修复。（美国国家档案馆供图）

老化和缺陷

通常情况下，"野马"的机务记录中会详细记录机体老化和结构缺陷，需要补强的地方，形成一条完整的跟踪记录。机体部件主要由经过热处理的铝合金板冲压或拉伸成形。大约 50% 铸造件和锻造件是使用镁合金制成的，外表经阳极处理后，保护层的颜色接近金色，其余为经过热处理的铝材。钢制部件在飞机上的用量较少，主要为起落架支柱之类的承力件，所以金属生锈在飞机上不算是特别大的问题。飞机主体的框架和蒙皮内侧在工厂进行组装前就喷涂了蚀刻铬酸锌底漆，有了这项工艺，如果潮湿的水汽渗进结构件的铆接面，那也不会直接接触到铝材表面，这样就排除了出现早期腐蚀的可能性。

"野马"机体上的几处结构易损点中的一处在机身散热器正上方，而此处受冷热条件的影响很大。散热器散发的热量很容易造成水汽的形成，尤其是机身下部纵梁散热器安装点附近。机身的纵梁由经过特殊热处理工艺挤压成形的铝合金制成，这种合金中镁含量很高，对晶间剥落非常敏感。机身上部纵梁也面临着类似的问题，风挡前的发动机整流罩周围有排水槽，也容易聚集水汽。细小的排水槽将雨水导流至机身上部纵梁上方，防止其流入仪表板中，纵梁的截面呈 H 形，上端就是现成的导流槽，雨水沿着纵梁流到机身后部，并被气流吹到机体外部排出。

2010 年 5 月 11 日，北美 A–36A（序列号 42–83731，民用注册号 N251A）在美国加利福尼亚州奇诺完成了 7 年以来的首飞。这种稀有的对地攻击型的"野马"由史蒂夫·辛顿（Steve Hinton）驾驶，飞机本体由古董战斗机修复再造团队修复到适航状态。（道格·费舍尔供图）

机翼内的机枪弹舱也是容易受到腐蚀的区域,其腐蚀程度与机枪的开火次数直接相关。弹药发射后的火药残渣是引发腐蚀问题的首要原因,航后机务人员如果清洁到位,可以大大降低腐蚀造成的影响。

座舱盖透明件由珀斯佩玻璃(perspex)制成,这种材料也被称为"有机玻璃"。有机玻璃长期暴露在户外环境下,颜色会从透明变黄,并且表面会出现细小的裂纹。好在全新制造的气泡式座舱盖和风挡有存货,厚度约为 1.25 英寸,可以直接替换原件。

修理、修复或者替换原有部件?

在修复一架古董飞机时,我们必须考虑将飞机复原到什么程度以及希望将飞机的细节考证并还原到什么水准。通常有 4 个关键要素:计划用时和预算,修理 / 修复或者用其他零件替换。计划用时可以更好地规划修理原机旧部件或者用其他搜集到的可用部件来替换,举个例子,通常情况下,修理原机旧件并装回原机体,要比寻找一套新配件替换原有部件,整个过程要快一些。所有的旧件修理工作都应该参照每架飞机正常情况下单独配置的《结构修理手册》来进行。

当我们复原"贾妮"号和"曼尼内尔"号的时候,没有沿用原机修复的部件,而是选择了替换配件。当查看飞机上的各系统时,如液压、电气、燃油和控制系统等,我们认为修复原件更加合理。大部分液压阀门和作动筒哪怕在经历了整个服役期后也仅表现出少许磨损。只有简单的 O 形密封圈需要替换,但这很容易搞到。

当我们检查飞机上的电气系统时,我们需要确定,有多少原系统的部件还需要保留:例如机枪加温器以及火箭滑轨配线,这在今天不太可能用到。燃油系统也有类似的情况,机身内的油箱(飞行员身后占据半个座舱的机身油箱,译者注)和外挂副油箱已经不需要了,因为两个具备自封能力的主油箱的油量就已经够用了。连接控制面的操控系统由简单的波顿拉线和滑轮组构成,这些可以非常容易地重新加工制造,而滑轮的备件仍然是货架产品,不愁补充。

替换零件

"野马"战斗机的大部分零件都可以在世界范围内找到,知道到哪里去寻找是主要的诀窍。你可以在地球的任一半球找到零件并装配起来,用于整机的总装,或者在另一次游历中偶然发现你寻找多时的零件。"野马"的全部图纸都还存世,包括超过 19000 份独立的图纸,这主要是复原过程中对一些已成孤品的零件重新测绘再造而得来的，是珍贵的考证资料。由于原始规格的五金件仍在生产，所以在修复的过程中，材料变更的情况很少出现。

根据现代安全规范做出的改变

当我们在英国开始修复古董飞机时，我们对原机做出的最大改变是根据现代安全规范重新给全机做了布线，与原机状态出入较大。

安装无线电设备

历史上的"野马"战斗机随着不同批次的升级改进，以及任务要求的变化，使用过很多种组合配套的无线电设备。"贾妮"号将原有的BC602A 四波段调谐器控制盒保留，仅当作装饰品留在原来位置，原有无线电收发设备被拆掉，腾出来的空间以容纳后座乘客的座椅。现在，修复一新的"贾妮"号在原有武器操作面板和主仪表板之间方便伸手操作的空位安装了一台更加小巧高效的现代无线电设备。

修复的"野马"和原始状态有何不同？

当今处于适航状态的"野马"飞机分成许多种类：举个例子，"旧库存"，这是指对飞机严格考证，一丝不苟地修复，使其恢复刚出厂时崭新的技术状态。"旧库存但可用"，可能囊括了全世界大部分还在飞行的"野马"，这些飞机经过了改装，将飞行员身后的机内油箱替换为乘客的座椅。现代的无线电设备和其他多种导航设备（例如 GPS）巧妙地隐藏在原机的仪表板后面，当飞机在地面静态展示时，不容易被参观的人看到。有些飞机保留了原机上的勃朗宁机枪和供弹机构，有的一边机翼保留着军械，而另一边机翼的军械舱部分则改成了行李舱。还有的飞机将机枪和供弹机构拆除，腾出的空间用于布置油箱，以增加飞机的航程。

"改进座舱"的飞机可能加装了自动驾驶仪或者升级到"玻璃座舱"样式的仪表板、真皮内饰和更加豪华的设施。由于散热器和油路管线直接布置在座舱地板下面，"野马"的座舱环境会非常"温暖"，需要加装额外的冷却通风口，以改善空气流通。一些"野马"飞机会在改装的时候换上一台标准的 100 安培的交流发电机，配合低电压告警灯系统。

这架涂装极其艳丽的"苏茜Q小姐"号P-51D（序列号44-74756，民用注册号N69QF），其收藏者为肯·伯恩斯汀（Ken Burnstine），他是"北美战鸟聚会"上的一个亮眼的人物，也在里诺（Reno）和莫哈维（Mojave）参加过竞赛。1976年6月16日，他在加利福尼亚州莫哈维上空驾驶着他心爱的N69QF"野马"飞机时，不幸发生事故，坠机罹难。（道格·费舍尔供图）

在诺福克郡哈德维克的停机坪上，"贾妮"号静静地等待着她的下一次飞行。该地是莫里斯·哈蒙德古董飞机机队的基地所在地。（贾罗德·科特尔供图）

收藏在美国加利福尼亚州奇诺的"弗吉尼亚夫人"号P-51A飞机,是一架非常稀有的具备适航能力的"艾利逊"发动机的"野马"飞机,在当地非常有名。这架"剃刀背"构型的飞机复原了当年驻缅甸的第1空中突击队的涂装。(道格·费舍尔供图)

散热器是另一个可用现代制造的散热单元替换掉原品的改装区域，这些散热器在外形和安装方式上和原机上的散热器相似，并且在实际运行时有着更高的散热效率。

此外，还有各种"针对性改装的飞机"。包括专门用于竞赛而深度改装的飞机，换上了不同的座舱、翼尖、机翼、冷却管道、整流罩以及发动机，目的是让改造过的飞机飞得更快。

修复"曼尼内尔"号

P-51D（44-13521）"曼尼内尔"号在 1944 年 8 月 13 日被击落后，德国空军人员查看了飞机的残骸，稍后清理了坠机现场。这架 P-51 相对完整的残骸主体存放在法国境内的一个谷仓内，时间超过 50 年，无人问津。莫里斯在 1998 年夏天打听到有这么一架飞机的残骸并收购了过来。他首先用了 4 年半的时间修复了 P-51D（414419）"贾妮"号，并在 2001 年进行了首飞，下面，从 2003 年开始，他打算再用 5 年的时间修复"曼尼内尔"号，并使其恢复适航状态。

修复工程的早期阶段在莫里斯位于萨福克郡的车间内进行。大约 4 年后，机身修复工作完成，在 2007 年 9 月 15 日，机身转运到哈德维克的机库内，进行下一步工作。

完整的机翼部分在 2008 年 3 月 20 日运抵哈德维克，并于转天儿安装到机身上。经过一通繁忙的检查和调试，在日落前，"曼尼内尔"号终于在从1944年8月从福尔莫出发以来，再一次依靠自身的起落架，站立起来。3月22日，发动机吊装到位，修复工作按照此节奏继续进行，到了5月中，这架"野马"的各子系统均安装到位。7月21日，飞机上安装的帕卡德V–1650–7"梅林"发动机进行了第一次地面试车，转天又多次进行试车。

就在一个月后，这项工作迎来了万众瞩目的一天，7月26日，完成修复的"曼尼内尔"号成功地进行了首飞！接下来的几周，直到8月17日，一般的各项交接检查均已完成。根据适航要求，飞机要测试爬升至10000英尺所用时间以及最大允许（VNE）俯冲速度。其余测试继续进行，"曼尼内尔"号在2008年9月10日获得了飞行许可。

对页图：为从法国的谷仓收购来的"曼尼内尔"号的两个大的机身分段之一，值得注意的是，残骸相当完整。这堆残骸里也包括机翼的大部分分段和其他大部件。（莫里斯·哈蒙德供图）

下图：修复之前的垂直尾翼，其右侧表面的"521"原始序列号数字依稀可辨。（莫里斯·哈蒙德供图）

128—131 页图

这些照片记录下"曼尼内尔"号的修复过程：从原先的残骸状态还原成第二次世界大战期间飞翔在东安格利亚上空的那只"战鸟"。[克里斯·阿布瑞（Chris Abrey）供图]

1. 在机身夹具上放置好纵梁及隔框。
2. 后机身散热器排气通道的隔框。
3. 机身后部底板。
4. 将新的机身蒙皮装在机身上，并进行最后的铆接工作。
5. 后机身散热器排气通道顶部的蒙皮。
6. 在机翼夹具上放置好翼梁和翼肋。
7. 如同骨架一般的帕卡德"梅林"1650–7 发动机的基础结构构件。
8. 将机身翻倒并固定好，以便安装子系统总成部件。

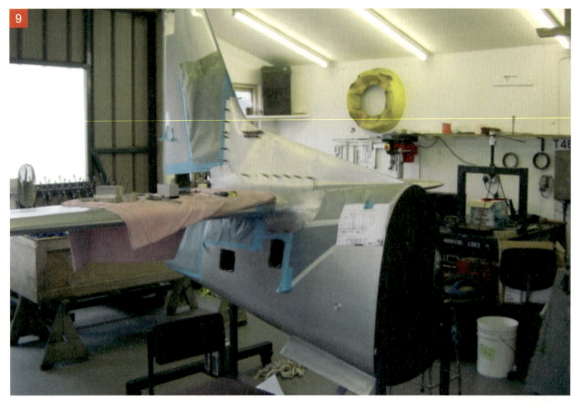

132—135 页图

9. 放置在仓储夹具上的机身尾段。

10. 安装仪表板。

11. 在仪表板上安装仪表。

12. 将曲轴和连杆安装到帕卡德"梅林"发动机上。

13. 工程师安东尼·斯蒂尔（Anthony Steel）正在装配调整一台帕卡德"梅林"发动机。

14. 液压油箱和电气系统安装完毕。

15. 给"梅林"发动机安装减速齿轮箱。

16. 主起落架支柱安装完毕。

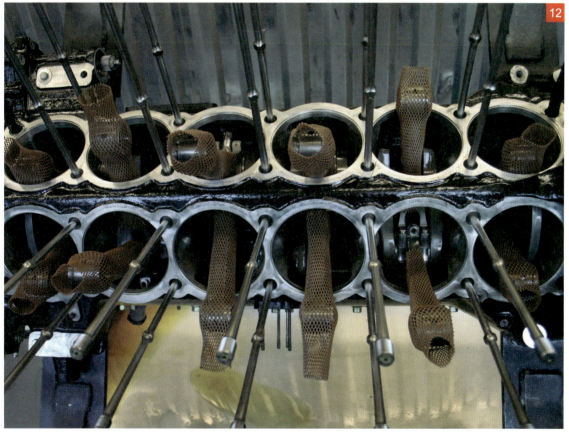

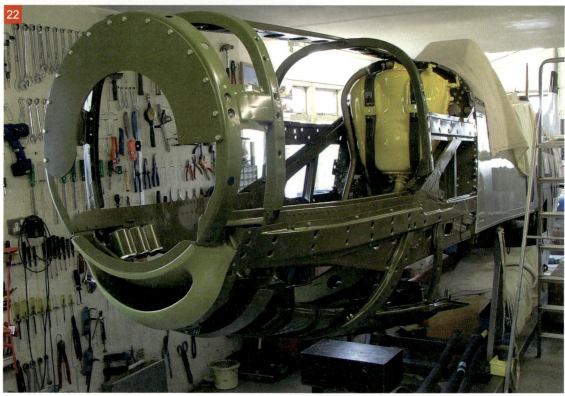

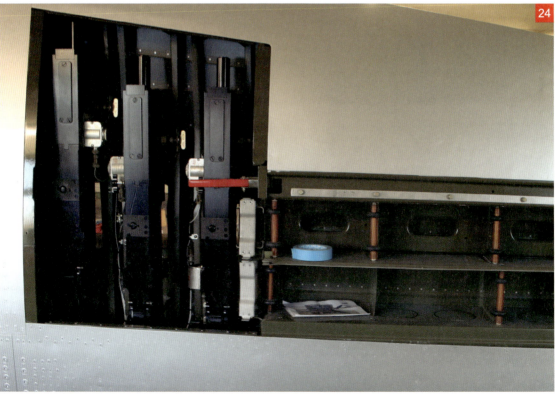

136—151 页图

17. 安装机翼内的各总成件。

18. 机体尾段装配完毕。

19. 在座舱内安装电子设备。

20. 翻转过来的"梅林"发动机，可以清楚地看到凸轮轴架的细节。

21. 发动机架安装到位。

22. 试装发动机整流罩框架。

23. 总装夹具上的机翼已完成装配。

24. 机枪舱室中可见勃朗宁 MG 53-2 0.5 英寸机枪。

25. "曼尼内尔"号的空机身放置在转运拖车上。

26. 机翼和主起落架支柱已装配完毕，已完成往机身上安装的准备。

27. "曼尼内尔"号裹好防雨布，准备进行转运。

28. 机身转运到总装机库内。

29. 举升架中的飞机机身。

30. 所有人都参与到机翼移动作业中，将机翼挪到机身下指定位置。

31. 众人仔细将机翼与机身下方的对接位置进行配位。

32. 将机身缓缓降下，扣接在机翼对接点上。

33. 机身机翼对接安装完毕。

34. 安装机翼的最后步骤，拧上螺栓。

35. 举升"梅林"发动机。

36. 将"梅林"发动机调正位置，准备安装到机身上。

37. 降下"梅林"发动机，对接到发动机架上。

38. 整机总装接近完成时，移除举升架，仅保留尾部的支撑架。

39. 安装完"梅林"发动机的"曼尼内尔"号，首次依靠自身的起落架停放在地面上，被拖出机库，准备进行下一步工作。

40. 螺旋桨及其整流罩安装完毕。

41. 起落架机构收放测试。

42. 起落架完全收起。

本页图与下页图及内图：经过多年的奋力工作，身兼收藏家、修复者和飞行员多重技能的莫里斯·哈蒙德将这架经历过战争的 P-51D 老飞机重新飞上蓝天，并飞翔在战争时期第 8 航空军的驻地上空。（贾罗德·科特尔供图）

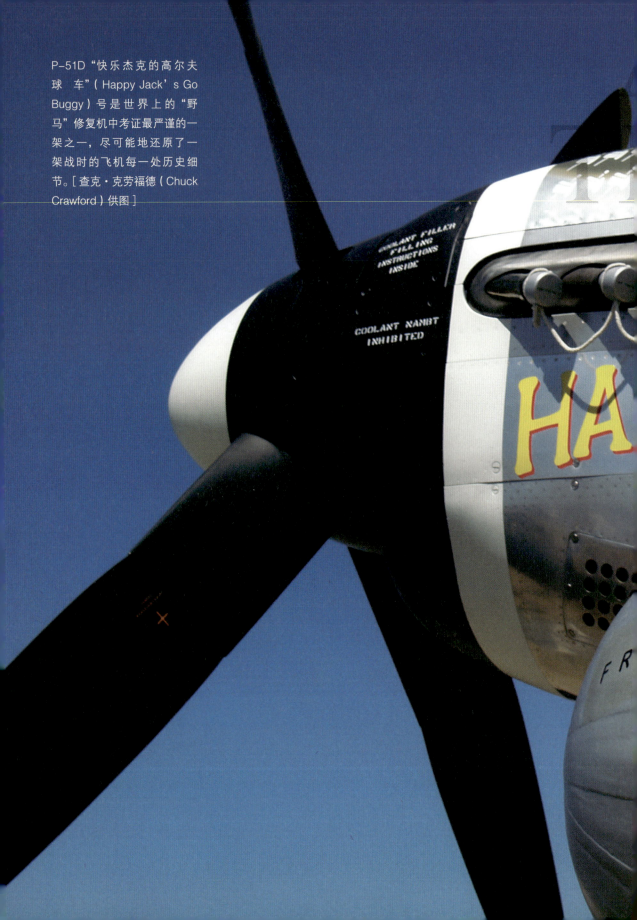

P-51D"快乐杰克的高尔夫球 车"（Happy Jack's Go Buggy）号是世界上的"野马"修复机中考证最严谨的一架之一，尽可能地还原了一架战时的飞机每一处历史细节。[查克·克劳福德（Chuck Crawford）供图]

3 详解"野马"

本章节详细介绍 P-51 主要生产型号的结构和检查区域，例如机体、发动机、起落架、各子系统和武器装备等。此外，还会细品一架 P-51D 飞机的座舱。

北美 F-51（P-51D）"野马"战斗机结构剖视图

绘图：迈克·巴德洛克（Mike Badrocke）

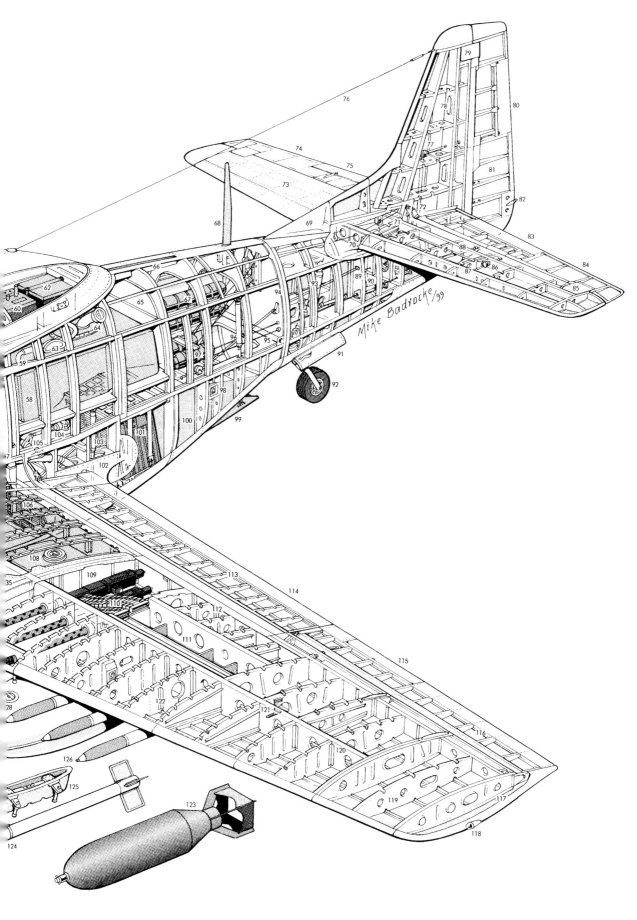

Mike Badrocke/99

1. 汉密尔顿标准恒速螺旋桨，直径为 11 英尺 2 英寸
2. 螺旋桨整流罩
3. 桨毂桨距调节装置
4. 螺旋桨整流罩后部的铠装环
5. 螺旋桨变距器
6. 冷却液集箱
7. 化油器进气口
8. 右侧主机轮
9. 空气滤清器进气口
10. 发电机
11. 罗尔斯－罗伊斯/帕卡德 V-1650-7"梅林" V-12 发动机
12. 排气管护套
13. 装配式发动机安装架
14. 进气道
15. 燃油滤清器
16. 化油器
17. 增压器
18. 发动机增压控制器
19. 后冷却器
20. 发动机滑油箱，容量 10.25 英制加仑
21. 滑油滤清器盖帽
22. 可拆卸发动机整流罩盖板
23. 右侧机翼内安装的勃朗宁 MG 53-2 0.5 英寸口径机枪
24. 5 英寸 HVAR 火箭弹，翼下最多挂载 10 枚
25. 机翼桁条
26. 机翼蒙皮
27. 机翼下表面识别灯（从前向后依次为红、绿、琥珀色）
28. 右侧翼尖航行灯
29. 右侧副翼
30. 副翼调整片
31. 副翼控制铰链，由操纵钢缆作动
32. 弹药箱，为外侧两挺机枪供弹，每挺机枪弹药基数为 270 发
33. 弹药箱，为内侧一挺机枪供弹，弹药基数为 400 发
34. 右侧简单襟翼
35. 右侧机翼油箱
36. 发动机舱后侧装甲防火墙
37. 液压油箱
38. 仪表板
39. 方向舵脚蹬
40. 油箱选择切换控制面板
41. 座舱底板
42. 机身 H 形舱段下部主纵梁
43. 机翼前翼梁连接螺栓
44. 三轴配平控制手轮
45. 发动机油门杆和桨距控制杆
46. 操纵杆
47. 仪表板遮光罩
48. K14A 机枪射击瞄准具
49. 具备防弹功能的风挡玻璃
50. 向后滑动开启的气泡式座舱盖
51. 头靠
52. 飞行员座椅
53. 座舱盖开启把手
54. 照明弹发射器
55. 可调节座椅基座
56. 滑油和散热器开闭控制面板
57. 机翼后翼梁连接螺栓
58. 机身内自封软式油箱，容量 70.8 英制加仑
60. 无线电收发机
61. 飞行员头部防弹钢板
62. 电瓶
63. 登机抠手
64. 机身油箱加油口盖
65. 防尘机舱隔框
66. 座舱盖滑轨
67. F2 型低压氧气瓶（两个）
68. 天线杆
69. 垂尾根部背鳍
70. 水平尾翼螺栓安装点

71. 尾翼前大梁安装点

72. 升降舵控制铰链，由操纵钢缆作动

73. 右侧水平尾翼

74. 金属骨架布质蒙皮的升降舵

75. 酚醛树脂材质的升降舵调整片，可调整到任意角度

76. 高频 (HF) 天线线缆

77. 方向舵调整片作动筒

78. 垂直安定面的双大梁 + 翼肋结构

79. 方向舵平衡块

80. 方向舵调整片

81. 金属骨架布质蒙皮的方向舵

82. 机尾航行灯

83. 左侧升降舵调整片

84. 金属骨架布质蒙皮的升降舵

85. 升降舵平衡块

86. 升降舵调整片作动筒

87. 水平安定面从翼根到翼尖的双大梁 + 翼肋结构

88. 方向舵铰链控制机构

89. 平尾大梁安装隔框

90. 尾轮收放作动筒

91. 尾轮舱门

92. 可转向尾轮

93. 尾轮减震支柱

94. 机尾分段安装隔框

95. 机身支撑杆

96. 散热器盖板开合液压作动筒

97. D2 型低压氧气瓶

98. 氧气加注口

99. 散热器通风盖板

100. 散热器排气涵道

101. 冷却液散热器

102. 翼根后缘整流罩

103. 滑油冷却器活门控制作动筒

104. 位于右侧的襟翼液压作动筒

105. 襟翼作动连接机构以及互连扭矩轴

106. 机腹滑油冷却器

107. 机翼自封软油箱，每侧机翼一个，容量 76.7 英制加仑

108. 机翼油箱加油口

109. 左侧机枪弹舱

110. 供弹导轨

111. 弹药舱

112. 后翼梁

113. 襟翼翼肋结构

114. 左侧简单襟翼

115. 升降舵调整片

116. 左侧升降舵翼肋结构

117. 轻合金翼尖整流罩

118. 左侧航行灯

119. 翼尖翼肋

120. 主翼梁

121. 此处对称点位为右侧翼下空速管安装位置

122. 翼肋结构

123. 1000 磅高爆炸弹

124. 5 英寸高速空射火箭弹 (HVAR)

125. 翼下副油箱 / 炸弹挂架

126. 左侧翼下外挂火箭

127. 62.5 英制加仑外挂副油箱或用其改装的燃烧弹

128. 副油箱加油口

129. 左侧主机轮

130. 主起落架支柱舱门

131. 扭矩剪式连杆

132. 起落架减震支柱

133. 机枪枪口

134. 主起落架收放转轴安装点

135. 主起落架支柱安装点补强板

136. 液压收放作动筒

137. 机腹滑油冷却器及冷却液散热器空气进气口

138. 可收放着陆灯

139. 主轮舱门液压作动筒

140. 主轮舱

141. 照相枪

142. 主轮舱门，一般在起落架收起或放下后关闭

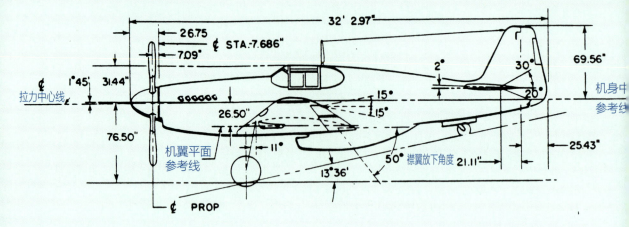

上图：P-51B/P-51C 侧视图及各项尺寸数据。

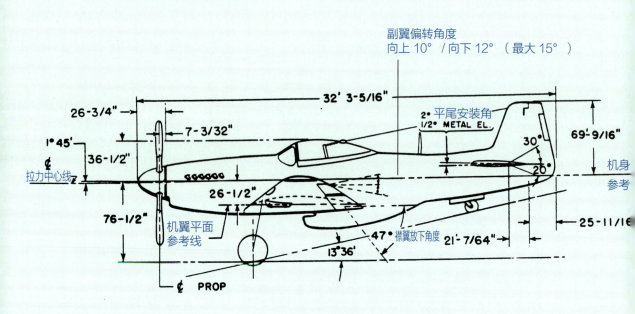

上图与对页图：P-51D/P-51K 三视图
及尺寸标注（图中长度单位均为英制）。

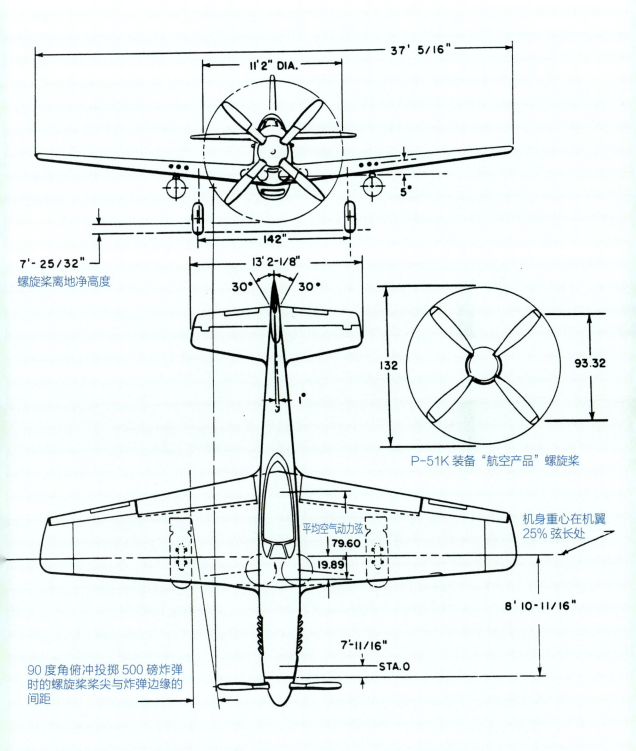

37' 5/16"

11'2" DIA.

142"

5°

7'- 25/32"
螺旋桨离地净高度

13' 2-1/8"

30°   30°

1°

132

93.32

P-51K 装备"航空产品"螺旋桨

平均空气动力弦

79.60

19.89

机身重心在机翼
25% 弦长处

8' 10-11/16"

7'-11/16"

STA. 0

90 度角俯冲投掷 500 磅炸弹
时的螺旋桨桨尖与炸弹边缘的
间距

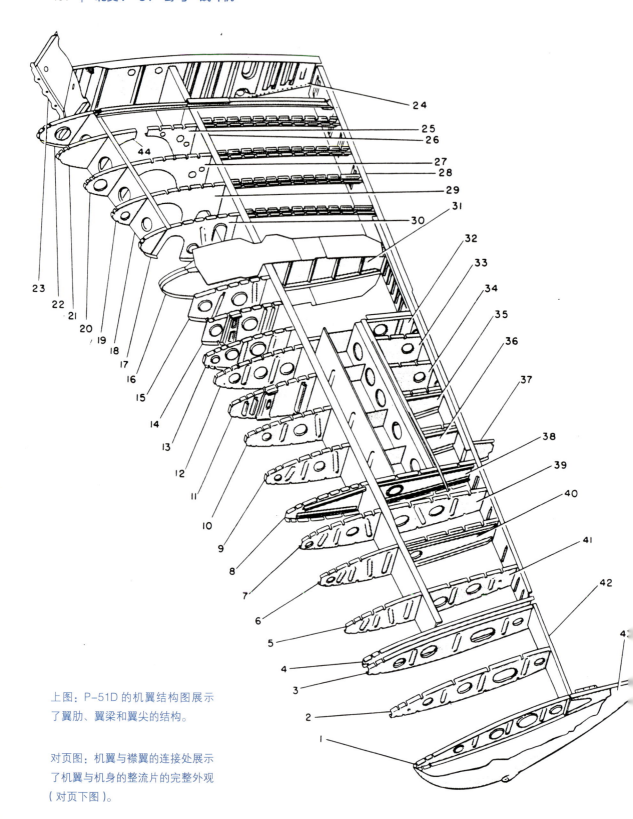

上图：P-51D 的机翼结构图展示了翼肋、翼梁和翼尖的结构。

对页图：机翼与襟翼的连接处展示了机翼与机身的整流片的完整外观（对页下图）。

机体结构

  飞机的基本结构大部分比较简单。机身是硬壳式结构，也就是说带有水平纵梁的机身隔框与机身纵梁上面覆盖着预制钣金延展出来的或者呈平面状的铝蒙皮，并用铆钉铆接在一起。机翼和尾翼也是相同的结构形式，翼肋上面包裹着铝蒙皮。在气动控制面上的蒙皮和其他地方有所不同——早期飞机的升降舵是布蒙皮的，后期改用铝蒙皮。而所有的方向舵依然保留着布蒙皮。

  发动机架由截面形状为 H 形的大梁弯制成形，并用厚铝板包覆。发动机空气进气口是一个大型镁合金铸件，用螺栓固定在发动机架前部，从前面看，形状像在笑。整个发动机总成仅通过 4 个螺栓固定在与座舱之间的防火墙上。

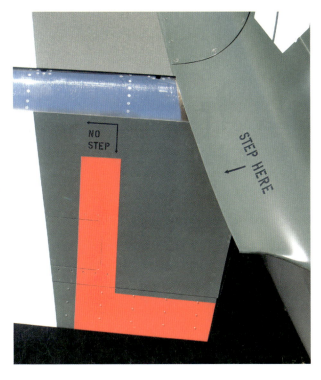

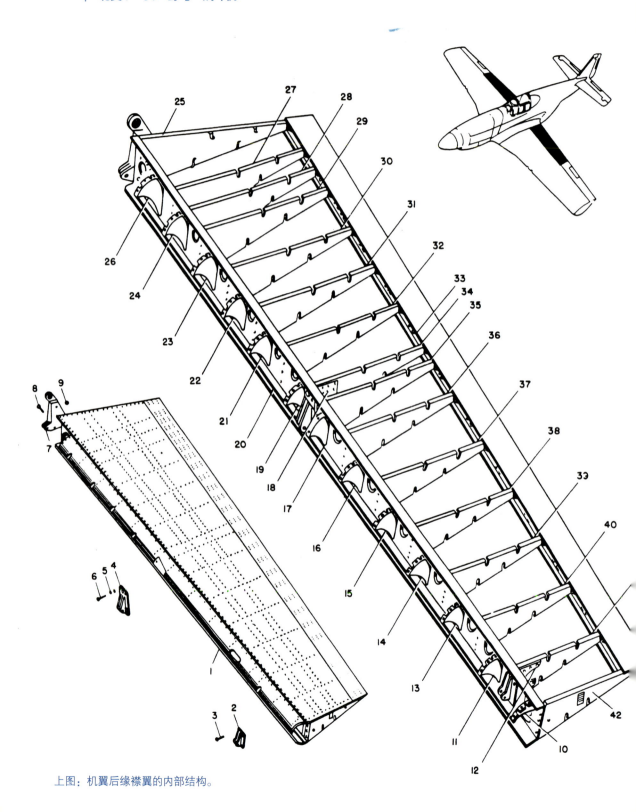

上图：机翼后缘襟翼的内部结构。

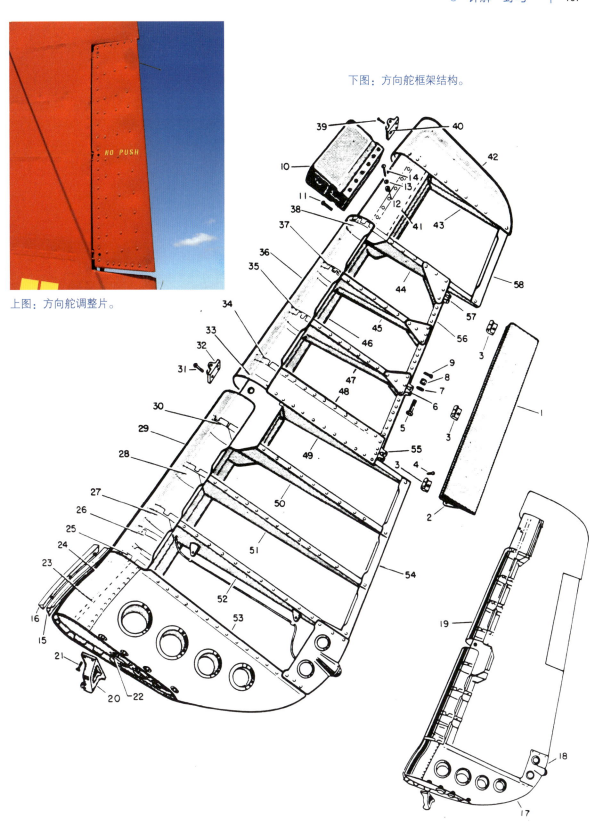

下图：方向舵框架结构。

上图：方向舵调整片。

发动机

早期型号的"野马"安装的是"艾利逊"1710 V 形 12 缸发动机，该型发动机在高空性能表现不佳，生命周期很短，由帕卡德授权制造的罗尔斯－罗伊斯"梅林"V 形 12 缸 1650-7 或 –9A 发动机取代。两种"梅林"发动机非常相近，区别是 –9A 发动机的涡轮增压转速更高，输出功率要更高一些。

电气系统

所有的"野马"战斗机的电气系统电压均为 24 伏。电力由安装在"梅林"发动机左侧的一台 100 安培机载发电机提供，输出的电流经过安装在防火墙后面的碳棒堆变压器整流变压后，提供给机上各电气设备。主电气控制面板安装在座舱右侧飞行员座椅附近。面板上包含通向冷却器、油路活门以及通往安培表的分流器的电流断路器，而安培表显示的是当前电路的电流值及用电量。由电气控制面板引出的电线根据飞机的亚型不同以及武器系统的不同配置，连接通往不同的电气设备。

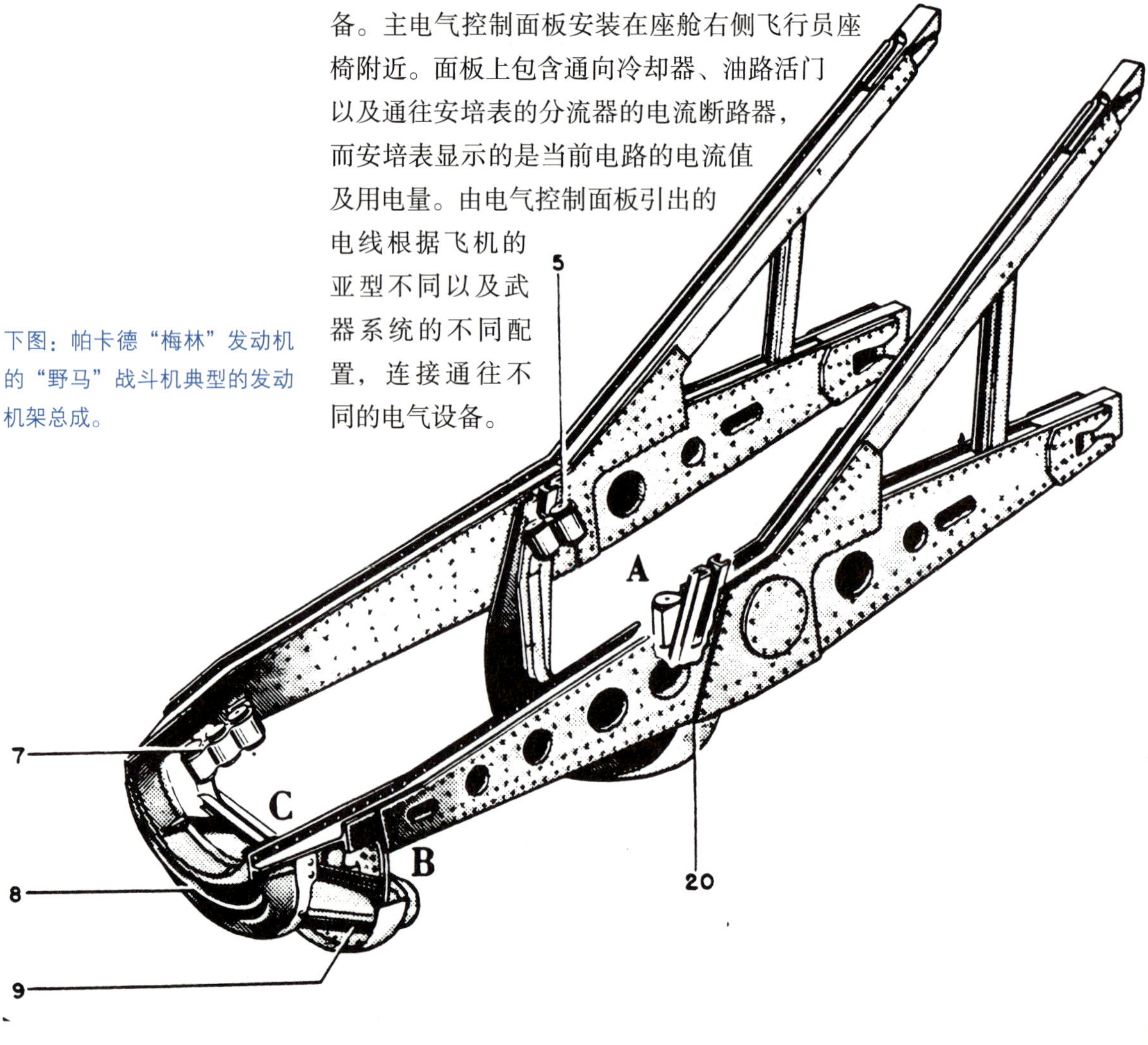

下图：帕卡德"梅林"发动机的"野马"战斗机典型的发动机架总成。

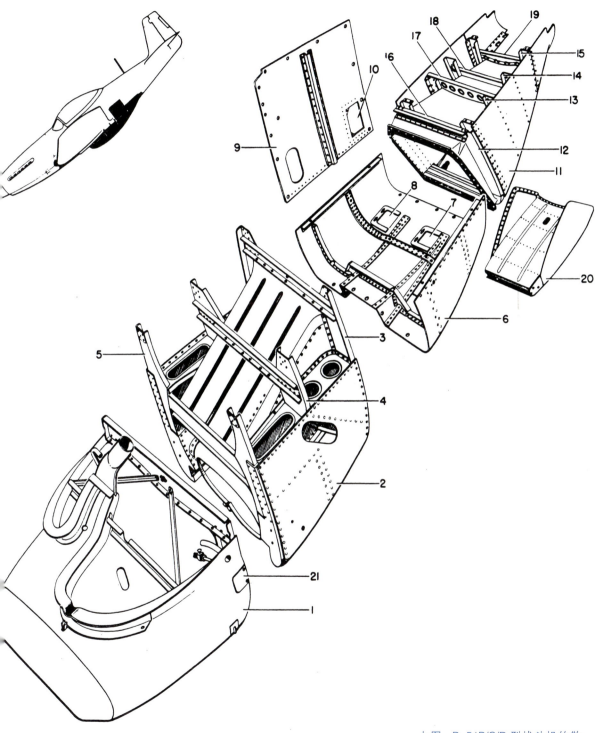

上图：P-51B/C/D 型战斗机的散
热器空气进气道。

经过大修的帕卡德 V–1650–7 "梅林" 发动机，准备安装到 "曼尼内尔" 号飞机上。[诺曼·费尔特韦尔（Norman Feltwell）供图]

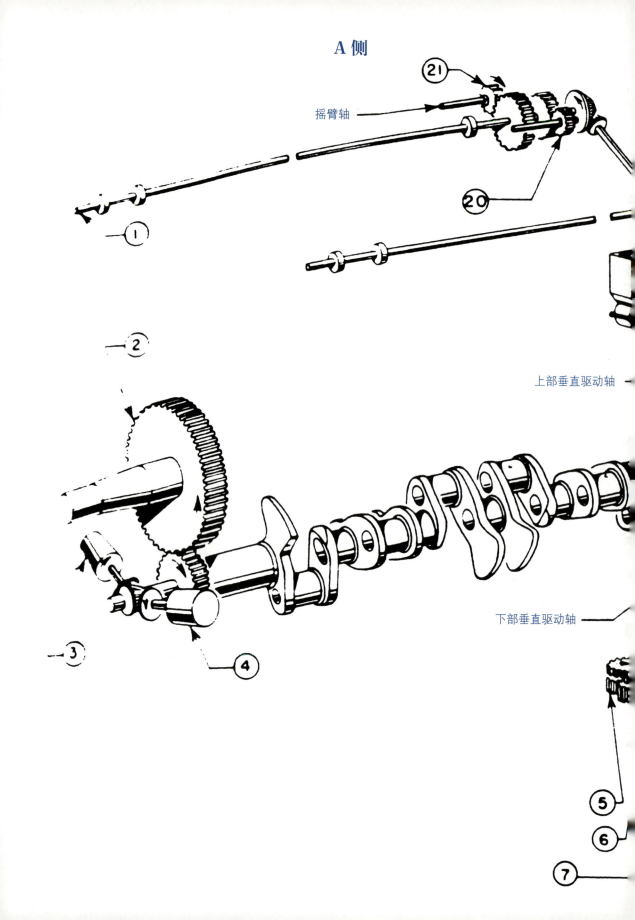

A 侧

摇臂轴

上部垂直驱动轴

下部垂直驱动轴

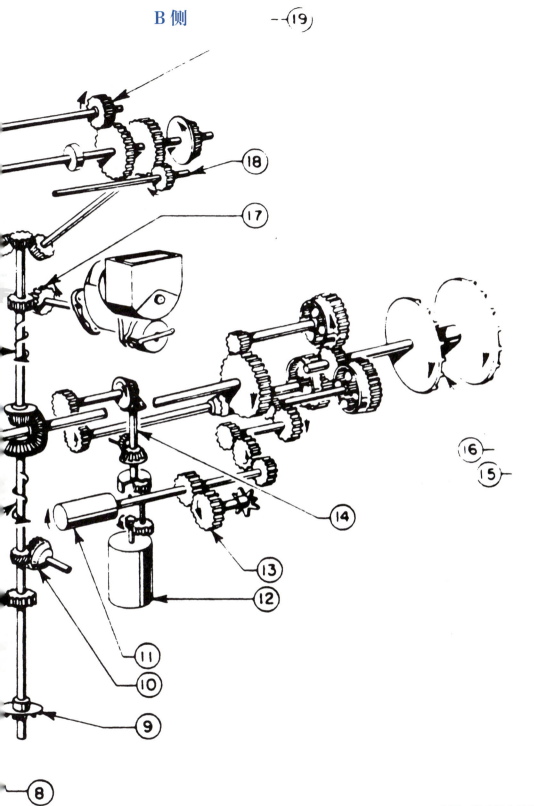

B 侧

上图：发动机齿轮传动比及轴齿旋转方向示意图。

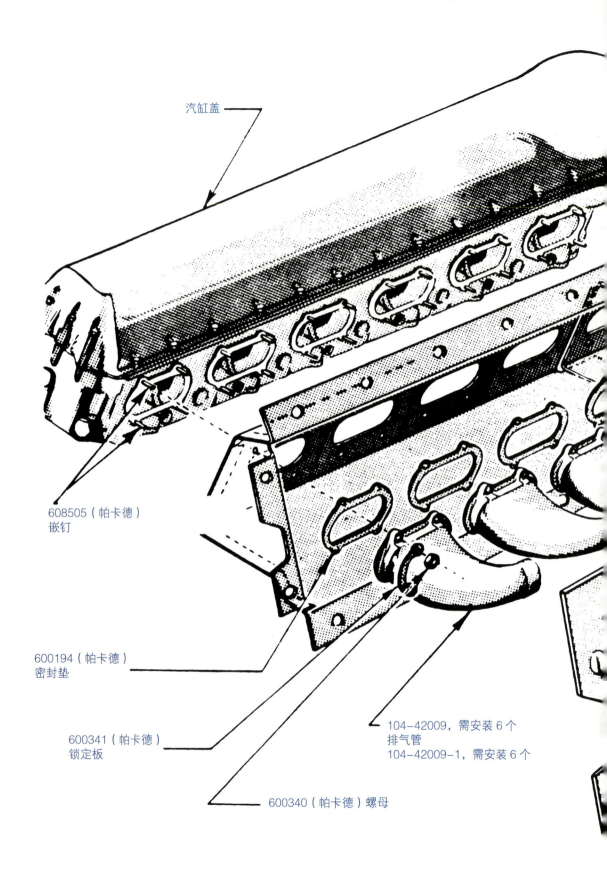

汽缸盖

608505（帕卡德）
嵌钉

600194（帕卡德）
密封垫

600341（帕卡德）
锁定板

104-42009，需安装 6 个
排气管
104-42009-1，需安装 6 个

600340（帕卡德）螺母

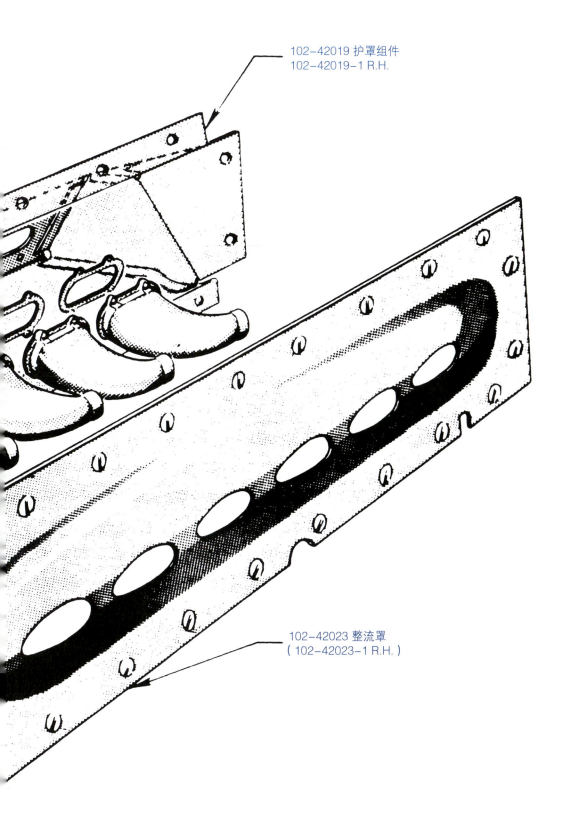

102-42019 护罩组件
102-42019-1 R.H.

102-42023 整流罩
（102-42023-1 R.H.）

上图：排气系统组装示意图。

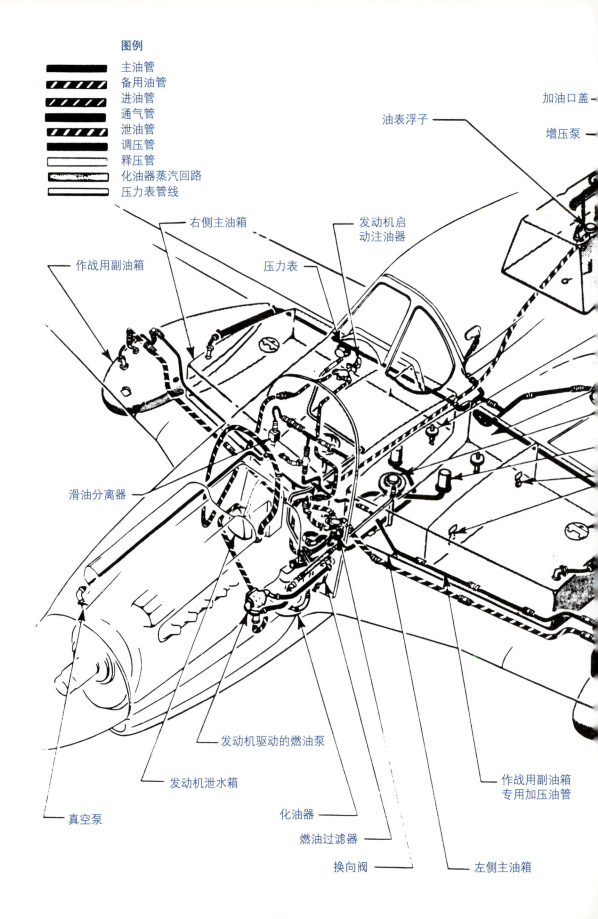

图例

主油管
备用油管
进油管
通气管
泄油管
调压管
释压管
化油器蒸汽回路
压力表管线

加油口盖

增压泵

油表浮子

右侧主油箱

发动机启
动注油器

作战用副油箱

压力表

滑油分离器

发动机驱动的燃油泵

发动机泄水箱

真空泵

化油器

燃油过滤器

换向阀

作战用副油箱
专用加压油管

左侧主油箱

机身辅助油箱

泄油阀

集油槽

油表浮子

增压泵

止回阀

加油口盖

加油口漏斗

泄油阀

"贾妮"号的机载系统概述

在飞机航行方向，座舱右手边是飞行员使用的切换 / 切断控制面板，通过这块面板可以控制绝大部分机载系统，例如电瓶、发电机、航行灯和滑行灯、暖风和安培表等。这些用电器都是通过电线连接在这块面板上的各个断路器上的。座舱左侧是冷却和滑油散热器散热门的开关，这种开关是特殊类型的拨动开关。把开关拨到上面，散热门自动控制开闭，开关拨到下面则切换为手动开闭。当开关拨到人工档位时，向前推这个开关，散热门打开，向后拨则散热门关闭，以保持正常的工作温度。

在这些开关旁边是仪表板左侧的遮光罩，用以遮挡舱外着陆灯和舱内荧光灯的杂光干扰，便于飞行员观察机械仪表读数。仪表板右侧靠近开关 / 断路器面板的地方同样有遮光罩。仪表板左侧下方是增压器控制面板，这块面板上还有发动机启动磁电机、启动注油泵、滑油稀释、燃油增压泵等设备的开关。增压器控制开关有三个档位：自动、高速和低速。这个面板上还装有一个红灯，当开关拨到"高速"档时，红灯会亮起。

燃油增压泵开关接通另外一个装在油箱切换控制面板上的旋转开关的电源，旋转到哪个油箱的档位，则对应油箱中的燃油泵启动，向油路供油。飞行员的操纵杆前面是武器控制面板，该面板上还有永磁打火装置开关和起落架告警喇叭静音开关。这块面板可根据需要配置不同的开关，"贾妮"号的该面板上就有炸弹 / 火箭弹切换开关。

燃油系统

"野马"战斗机最多装有 5 个独立的油箱。3 个内部油箱位于两侧机翼根部和机身内，由具备自封能力的橡胶材料制成。两个翼下外挂副油箱既有金属材料制成的，也有纸板黏合而成的。所有的油箱都通过带有橡胶接头的铝油管连接到座舱内的主油路阀门上。飞行员可切换到任意一个油箱给油路供油。只有机体内部的 3 个主油箱内装有电动增压泵。副油箱中的燃油通过排气压力带动的机载真空泵吸到油路中。换向阀和化油器之间是细网过滤器（滤油器）和发动机驱动的燃油泵，最大燃油流量为 400 加仑 / 小时，通常情况下，油压为 16psi（16 磅力 / 平方英寸）。

滑油箱内部结构

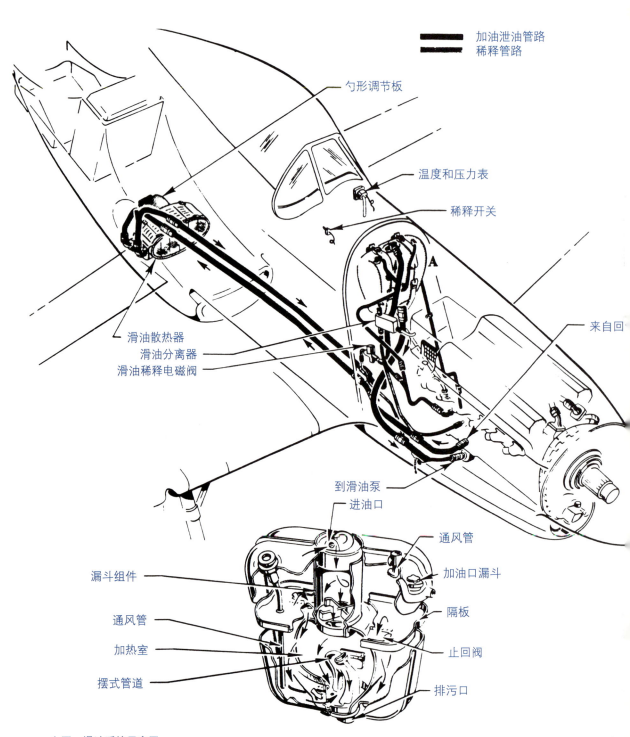

加油泄油管路
稀释管路

勺形调节板

温度和压力表

稀释开关

A

来自回

滑油散热器
滑油分离器
滑油稀释电磁阀

到滑油泵
进油口

通风管

加油口漏斗

漏斗组件

隔板

通风管

加热室

止回阀

摆式管道

排污口

上图：滑油系统示意图。

散热器部件详图

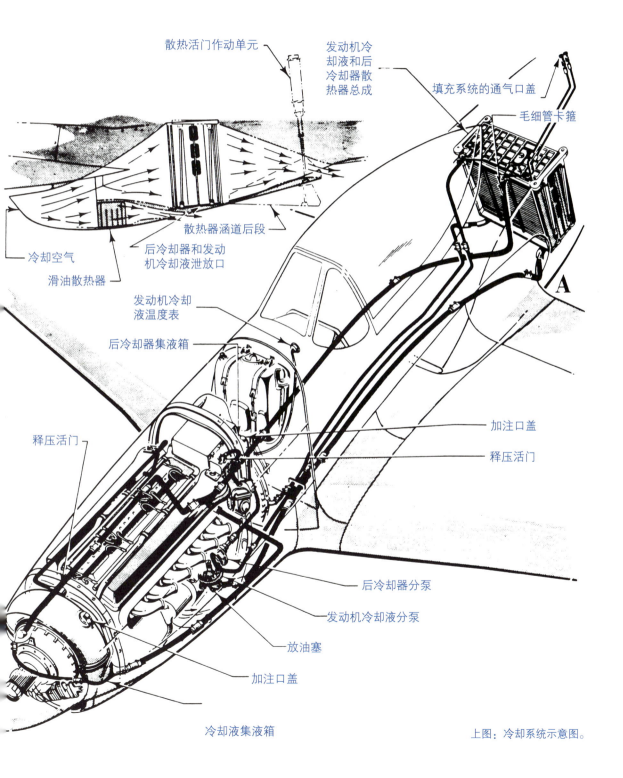

散热活门作动单元

发动机冷却液和后冷却器散热器总成

填充系统的通气口盖

毛细管卡箍

散热器涵道后段

冷却空气

后冷却器和发动机冷却液泄放口

滑油散热器

发动机冷却液温度表

后冷却器集液箱

A

释压活门

加注口盖

释压活门

后冷却器分泵

发动机冷却液分泵

放油塞

加注口盖

冷却液集液箱

上图：冷却系统示意图。

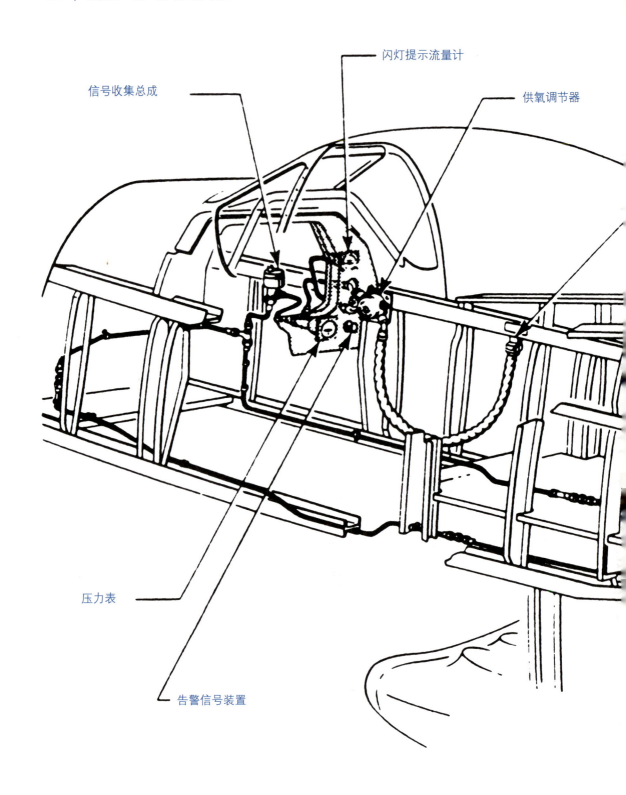

闪灯提示流量计

信号收集总成

供氧调节器

压力表

告警信号装置

下图：氧气系统示意图。

氧气面罩软管

F2 型低压氧气瓶

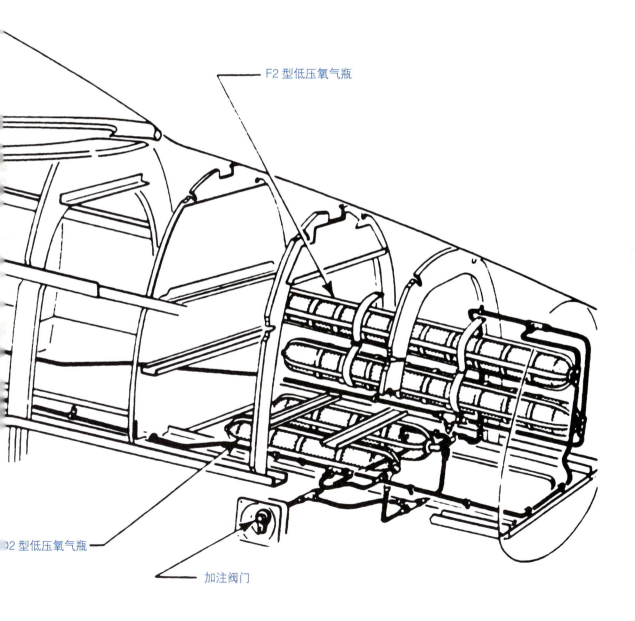

2 型低压氧气瓶

加注阀门

滑油系统

　　"野马"战斗机在防火墙朝向发动机一侧装有一个容量为 12 美制加仑的滑油箱。整个滑油系统总共能容纳 16 美制加仑的滑油。滑油由发动机加压泵通过铝制油管在系统中循环。滑油经过发动机后，温度显著升高，热油泵至位于机腹主翼下方的散热器进气道内的滑油散热器中。进气道内的电动调节门将气流导向散热器，气流经过散热器后将热量带走，通过这种方法控制滑油的温度，冷却后的滑油再泵回上方的滑油箱，准备进行下一轮润滑循环。

冷却系统

　　乙二醇 / 去离子水以 50/50 的比例混合，作为发动机的冷却液（类似汽车使用的防冻液，译者注）。冷却液在一台由发动机带动的离心泵的作用下，在发动机冷却管路中流动。乙二醇在气缸周围循环流动，通过螺旋桨后面的集液箱排出发动机。集液箱将冷却液分流，然后冷却液被泵到位于机翼下方机腹处的空气涵道内的散热器中。涵道中有

下图：主起落架的安装点、整流舱门以及减震支柱示意图。

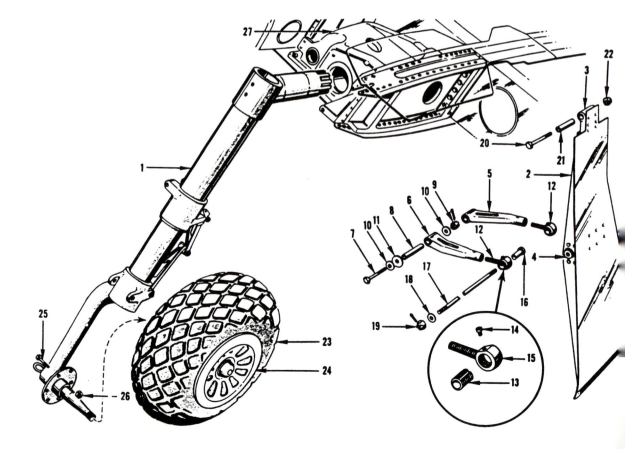

一个电动调节板，用于控制通过散热器的空气流量，为乙二醇冷却液散热，冷却后的冷却液通过发动机循环泵返回发动机，开始下一轮冷却循环。增压系统的后冷却器的工作原理与之相同。

氧气系统

氧气在机身后部的氧气瓶中储存。氧气通过机身左侧专门的加注口注入氧气瓶中。

加压的氧气通过飞行员面前的流量调节阀送到连接氧气面罩的弹性软管中。氧气管中的压力值压力表上显示，当有氧气通过调节阀时，流量计的信号灯会频闪，提示氧气系统正在运行中。

起落架

"野马"战斗机的主起落架减震支柱由班迪克斯（Bendix）公司制造，减震方式为油压避震，内部填充液压油和加压氮气。每侧起落架支柱顶端都有一个轴销，起到起落架支柱向机翼内起落架舱转动收放动作的转轴的作用，转轴后面是锁止销的基板。起落架收放作动连杆也安装在这上面。油压避震杆可伸缩部分表面是高硬度的铬镀层，外侧套筒与其之间用5个V形密封件封堵住缝隙，延长磨损面的使用寿命。剪式支撑架保持着避震套筒的位置，以及轮叉和轮轴总成的共线性。

刹车组件通过6颗螺栓安装在轮轴位置。刹车装置的支撑板是一块机加工出来的镁合金件，支撑着一个单独的大O形环，环内是刹车装置的活塞。刹车装置在结构上是由定子和转子组成的（类似于多盘式离合器）。在运行时，定子相对于轴向固定，转子随着机轮旋转。当飞行员踩下刹车，作动活塞将转子和定子挤压到一起，阻止机轮转动，起到刹车的作用。

直径为27英寸的机轮，轮毂也是镁合金材质的。两个圆锥滚子轴承在轮轴上旋转，机轮由一个螺母和一个开口销固定在轮轴上。尾轮的减震支柱的结构与主起落架相似，只是尺寸要小很多，但尾轮具备转向功能，飞机在地面滑行转弯时，尾轮可以随动转向。一个由钢缆、滑轮组和弹簧组成的操控系统用于控制尾轮的转向，飞行员除了方向舵和差动刹车以外，也可以通过尾轮转向来控制飞机的地面滑行方向。尾轮也可以解锁，使其可以360度转向。当飞行员将操纵杆推到底并且踩下任一主轮的刹车时，即可解锁尾轮的转向限制。当机轮开始转动时，操纵杆就得向后拉到底，使升降舵抬起到最高位，防止飞机"拿大顶"。

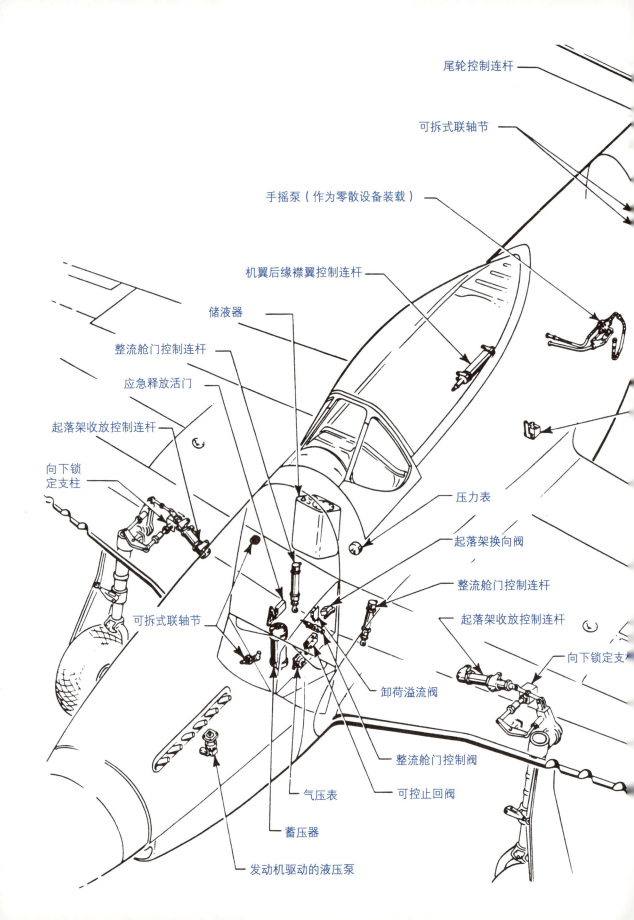

尾轮控制连杆

可拆式联轴节

手摇泵（作为零散设备装载）

机翼后缘襟翼控制连杆

储液器

整流舱门控制连杆

应急释放活门

起落架收放控制连杆

向下锁定支柱

压力表

起落架换向阀

整流舱门控制连杆

起落架收放控制连杆

向下锁定支

可拆式联轴节

卸荷溢流阀

整流舱门控制阀

可控止回阀

气压表

蓄压器

发动机驱动的液压泵

左图：一个主轮舱内的
液压系统管路。

机翼后缘襟
翼旋转活门

左图：主起落架支柱和
机轮。

早期的 P-51D（主要是 P-51D-5-NA，译者注）仅仅是去掉了背鳍并将座舱盖改为气泡式，相对于带有背鳍的"剃刀背"机身的老"野马"，方向稳定性不足的缺点暴露无遗。图上的这架 P-51D"贾妮"号，呈现了一张角度完美的侧视图，可见在垂尾前面增加了一段背鳍（P-51D-10-NA 开始，译者注），使该机的方向稳定性恢复到了可接受的程度。（贾罗德·科特尔供图）

液压系统

　　液压压力由安装在 "梅林" 发动机凹槽内的液压泵提供。液压油
容器或液压油箱安装在发动机防火墙的背面, 液压油箱容纳着机上所
有液压系统的液压油。油压通过安装在右侧轮舱内的中央翼肋上的调
节阀来控制, 将系统内的油压控制在 700 到 1000psi (700 ~ 1000 磅力
/ 平方英寸) 之间。

　　起落架的收放和襟翼的动作都是液压控制的。飞行员如果想收起
落架, 就得快速地将座舱内的起落架收放手柄向上拨到 "收起" 位置,
随后顺序触发一系列活门和作动机构: 首先两个轮舱之间的 "蚌壳"
式轮舱门打开, 留出机轮收入轮舱的通道, 液压转而施加到起落架放
下锁止销的作动筒上, 解除对起落架支柱的锁止。然后, 液压传递到
主起落架收放作动筒上, 将起落架向上收起, 收入机翼的轮舱中, 当
两个机轮都完全收入轮舱并锁销固定后, "蚌壳" 式轮舱门便关上, 完
成收起起落架的流程。放下起落架时, 整个过程反过来, 除了顶开锁
止销以外, 其余机构的动作都是通过收起起落架后压紧的弹簧触发的,
并通过重力放下, 不需要液压的介入。

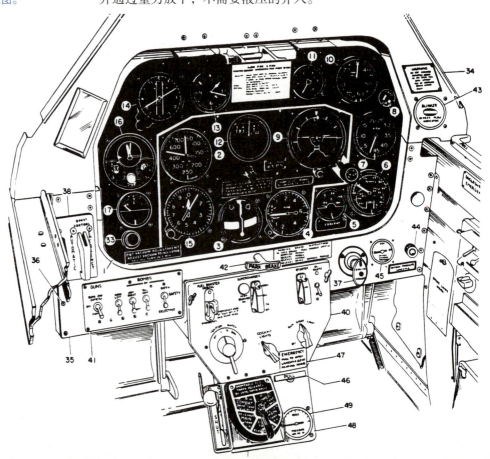

座舱的右侧，绿色的氧气软管通向供氧调节器。供氧调节器右侧的开关面板上包含了电流表以及电瓶和发电机通断开关。飞行员座椅右侧的顶端有红色按钮的是甚高频（VHF）电台的控制盒，其后是敌我识别（IFF）装置无线电信号收发控制面板。（贾罗德·科特尔供图）

上图：油门杆位于飞行员的左前方。黑色的大手柄控制油门，油门杆前方带有蓝色球头的手柄是用来控制螺旋桨桨距的。带有红色球头的手柄是用来控制燃油空气混合比的。油门杆下方正侧面是螺旋桨桨距控制和混合比阻尼器以及油门杆阻尼器。再下方的红色手柄是左右两侧的炸弹－副油箱投弃拉手。(贾罗德·科特尔供图)

上图：飞行员左侧的控制面板上有多个控制开关，包含副翼、方向舵配平旋钮，升降舵配平手轮，起落架收放手柄，汽化器空气调节杆和襟翼控制手柄。更靠左的拉链口袋是信号枪的收纳包，其右侧是手枪的枪架。（贾罗德·科特尔供图）

上图：XP-51 的仪表板。（美国空军供图）

上图：P-51B 的仪表板。（美国空军供图）

1. 油门杆
2. 过载"g值"表
3. 远端读数罗盘指示计
4. 歧管压力表
5. 荧光灯
6. 空速表
7. 定向陀螺仪
8. 人工地平仪
9. 冷却液温度表
10. 转速表
11. 汽化器空气温度表
12. 发动机组合仪表
13. 高度表
14. 转向和倾斜指示计
15. 爬升速率表
16. 供氧调节器
17. 座舱盖滑动开闭手摇曲柄
18. 氧气流量计
19. 氧气压力表
20. 停机刹车手柄
21. 启动机开关
22. 操纵杆
23. 方向舵脚蹬
24. 断油手柄
25. 油箱切换手柄

P-51D 的主仪表板和控制面板。（贾罗德·科特尔供图）

上图：早期"野马"是"高脊背"的机身构型，座舱盖为框架式，如同照片上的 P-51C（325147）"伊丽莎白公主"号展示的这样。在第二次世界大战期间，驾驶这种构型飞机的飞行员反映，从座舱中向后观察，视野或多或少受到限制。（查克·克劳福德供图）

主起落架轮舱内安装着大量管线。两片"蚌壳"式的主轮舱门，在飞行时盖住收入机翼的主轮，在开关时是先后动作的。当飞机长时间停放时，由于液压系统失去液压，这两片舱门会在重力的作用下，下垂到打开位置。

如果在飞行时液压系统失效，"野马"飞机的座舱内还有起落架应急释放手柄用来放下起落架。这套机构可以松开"蚌壳"式轮舱门，同时将起落架收放手柄释放到"放下"位置，使起落架随着自身的重量而完全放下。

襟翼也是由液压收放的，控制手柄在飞行员座椅的左侧。手柄的每个档位为10度，手柄向下拨动的同时，襟翼同步放下，反之亦然。手柄连接着一个跨过中线的随动连杆来触发液压系统的活门，控制液压作动。

液压系统也有一套"蓄压"装置，储存着少量的压力，一旦失去主液压，可通过蓄压装置将襟翼放下到20度的位置。这套蓄压装置内充400psi（400磅力/平方英寸）的加压氮气，右侧轮舱内有一个压力表，指示着蓄压装置内的压力值。

对页上图：P-51B"老乌鸦"号的座舱盖是"马尔科姆"滑动开闭座舱盖，为飞行员提供了远优于早期铰链开闭座舱盖的视野。"马尔科姆"座舱盖是英国设计的，在英国皇家空军的"野马"III和美国陆军航空队的部分P-51B/C型战斗机上进行了换装。（查克·克劳福德供图）

下图：P-51D的座舱盖和风挡分解示意图。

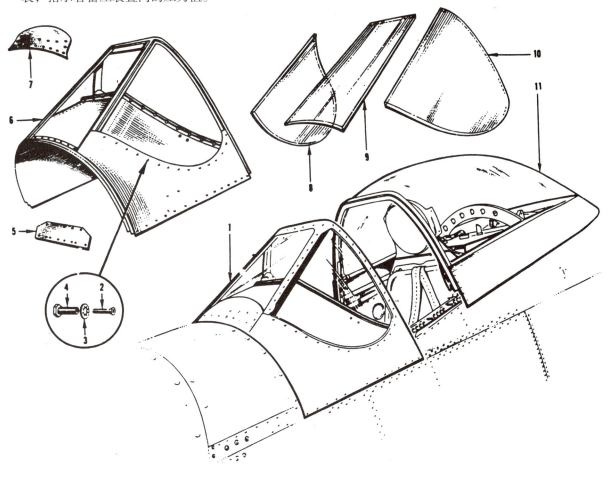

上图：P-51B/C 装备了 4 挺 0.50 英寸口径的"勃朗宁"机枪，每侧机翼中装两挺。（查克·克劳福德供图）

上图：P-51D 的固定武装为 6 挺机枪，每侧机翼内装 3 挺。（查克·克劳福德供图）

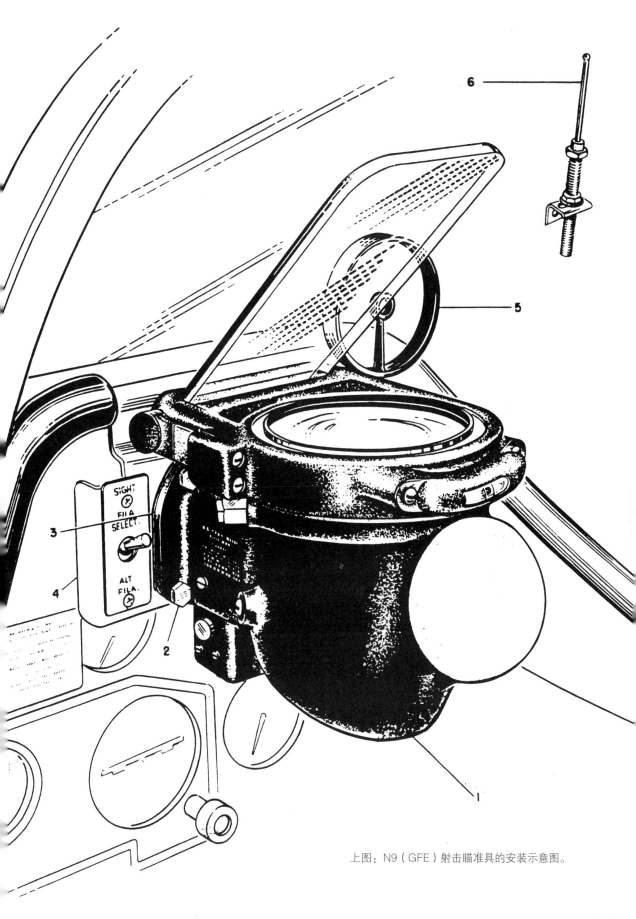

上图：N9（GFE）射击瞄准具的安装示意图。

刹车系统也是液压驱动的。每个主轮都有其独立的液压刹车系统，由飞行员像踩刹车踏板一样下压一侧的方向舵脚蹬来触发本侧的机轮刹车，这套装置被称为"脚踏刹车"。每侧的踏板都通过连杆分别连接本侧的制动总泵，然后驱动着机轮的刹车轮缸。尾轮没有制动装置。

座舱仪表

"野马"战斗机的座舱仪表根据不同的制造批次，有着细微的变化，但是基本布局没有变化。发动机仪表在仪表板右侧，压力表在仪表板左侧，地平仪在仪表板中央。发动机仪表中，最重要的一个仪表可能就是增压压力表了，你可以从这个仪表上读出你需要发动机输出多大的功率。转速表显示出当前发动机的转速，最高转速读数为3000rpm（每分钟3000转）。

对页图：射击瞄准具设备盒子顶部有目标翼展标尺，标注有典型型号的敌机翼展参考刻度，包含 Ju 87、Me 210、Do 217、Ju 88、Ju 52 和 Fw 200 等型号。（贾罗德·科特尔供图）

下图：第二次世界大战期间，一名"塔斯克基－红色机尾"中队（著名的黑人中队）的军械员正在检查 P-51 战斗机的 0.50 英寸口径机枪及弹药。（美国空军供图）

本页图与对页图：打开弹舱门，可见装填满满的子弹和机枪。（查克·克劳福德供图）

本页图与对页图：从3个不同角度看P−51D翼下挂载的500磅通用（GP）炸弹。（查克·克劳福德供图）

下图与对页图：朝鲜战争期间，美国空军的 F-51 "野马" 战斗机重返战场，对朝鲜北方的目标进行空中打击，照片中可见拖车上满载着将要补充到飞机上，进行下一次出击使用的高速火箭弹、炸弹、燃烧弹以及 0.50 英寸口径机枪子弹等弹药。美国空军 18 战斗轰炸机联队第 5 中队 "野马" 战斗机在战争中获得了 "卡车爆破者" 的称号，而这些大量消耗的火箭弹，则是这些 "老鸟" 取得战绩的原因所在。（美国空军供图）

滑油温度、滑油和燃油压力都在一个三合一仪表上显示。冷却液、机外大气温度和吸气流量分别在 3 个仪表上显示。由气压控制仪表指针读数的仪表是高度表、垂直速度表和空速表。其中空速表的最大读数为 700 英里 / 小时！地平仪组合仪表由人工地平仪和定向陀螺仪、转弯率和侧滑指示计组成。

仪表板的左上方装有一个罗盘一个上满发条后可连续走 8 天的飞行时钟。仪表板外，右下方装有氧气系统信号灯和压力表。座舱地板上，操纵杆两侧各安装了一个主油箱油量表，直接位于两侧的机翼内主油箱的顶部。机身油箱的油量表在飞行员左后方，紧挨着飞行员背后，扭头就能看到读数。当今复原重新飞行的 "野马"，很少有将这些油箱都保留下来的（相当一部分飞机拆掉了机身油箱，腾出的空间用于加装一个后座椅，译者注）。

机载武器

P-51A/B/C 型战斗机装有 4 挺勃朗宁 0.50 英寸口径机枪，每侧机翼内配置两挺。机枪的安装角度略向外倾斜于弹药舱，使弹链中的子弹更容易地送到机枪内。P-51D"野马"装有 6 挺勃朗宁 0.50 英寸口径机枪，每侧机翼内配置 3 挺，垂直安装在机枪舱室中。最内侧的机枪安装位置比其他两挺靠后大约 6 英寸，使弹链输弹轨迹更加平滑。每侧机翼弹药舱内可容纳约 1000 发 0.50 英寸口径的机枪子弹，如果一次把这些子弹打光的话，可以持续开火大约 40 秒。机枪的弹道交汇点在距飞机约 400 码的距离上。

"野马"装备过两种射击瞄准具，分别是 N9 型和 K14 型。后者在 1944 年装机使用，功能更加复杂一些，包含陀螺仪和固定的光环。左侧翼根前缘装有一部照相枪，可由飞行员人工控制开关，当开关拨到"开"时，照相枪的胶片相机就会随着机枪开火同步拍摄。

"野马"战斗机可以在翼下机枪舱室外侧的炸弹挂架上挂载两枚副油箱或者两枚 500 磅炸弹。最多可以挂载 10 枚火箭弹，每侧翼下挂 5 枚，火箭的挂架位于炸弹挂架的外侧。在后面的作战行动中，"野马"在翼下挂载两枚副油箱，在外侧翼下挂载六枚高速空射火箭弹（HVAR）。这些对地攻击挂载让飞机刚好超过 12500 磅这个最大起飞重量，有时会让飞机滑跑很长的距离才能离地，让飞行员颇为头疼。无论如何，"野马"仍能坚持飞行，并且表现出色。

下图：P-51D 每侧翼下挂载了一枚 108 美制加仑的纸质副油箱。这些副油箱是英国制造的，使用浸塑的纸板压制成型，很大程度上缓解了因铝合金航材短缺造成的标准 75 美制加仑铝制副油箱供应不足的问题。（查克·克劳福德供图）

上图：纸质副油箱连接管路的细节。（查克·克劳福德供图）

下图：翼下作战用副油箱安装示意图。（查克·克劳福德供图）

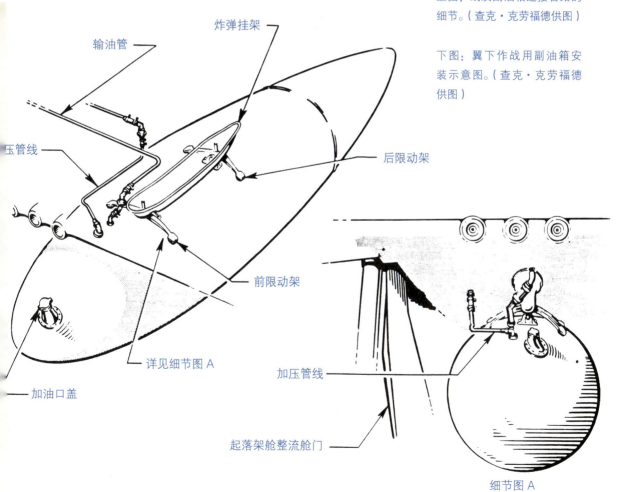

炸弹挂架

输油管

玉管线

后限动架

前限动架

详见细节图 A

加油口盖

加压管线

起落架舱整流舱门

细节图 A

对页图：前线机场的P-51A，翼下挂载着炸弹和"巴祖卡"火箭筒，而后者是在战地改装时安装上的。（美国空军供图）

左图：P-51B机翼前缘安装的照相枪。（查克·克劳福德供图）

下图：朝鲜战争期间，在一次出击前，地勤人员在往一架F-51D翼下挂载火箭弹。（美国空军供图）

这张编队飞行的照片很好地展现了 P-51C 和 P-51D 的外形区别。前方这架飞机是 P-51C "梅肯美女艾娜"（Ina the Macon Belle）号，机体涂装为 322 战斗机大队（"塔斯克基"飞行员，著名的黑人飞行队）式样。后方是 P-51D "天啊！v3"（Cripes a Mighty 3rd）涂装，复现了 352 战斗机大队乔治·S. 弗雷迪（Major George S. Preddy）少校的"蓝鼻子野马"座机涂装。（道格·费舍尔供图）

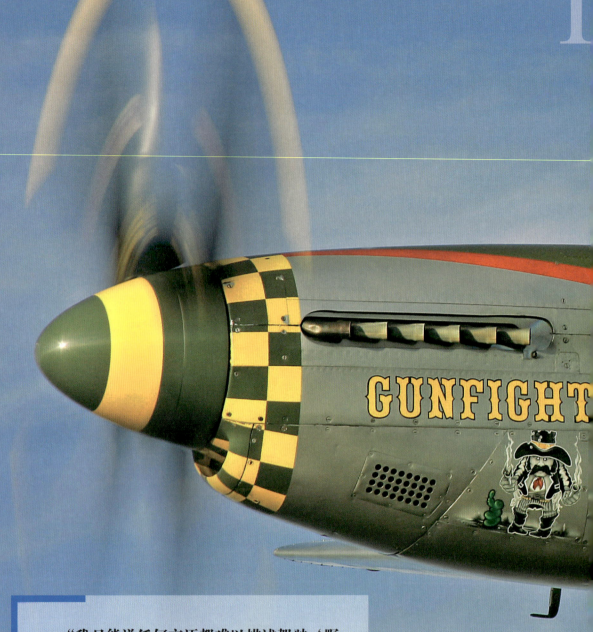

T

"我只能说任何言语都难以描述驾驶'野马'飞行的感觉——绝佳的，棒极了，杰出的……这些词汇都显得非常苍白。你驾驶着一架曾经力挽狂澜，扭转了第二次世界大战战局的飞机，是真实握在手中的历史！"

——莫里斯·哈蒙德

"纪念空军"（美国非营利航空组织，古董飞机协会，译者注）的著名的P-51D"火枪手"号飞机，正翱翔在得克萨斯州上空，由另一名明星"野马"飞行员雷吉斯·乌尔舍尔准将（Brigadier Genaral Regis Urschler）驾驶。（道格·费舍尔供图）

Brig. Gen. Regis Urschler USAF (RET.)

AAF SPEC. PROJ NO. 39015R
U.S. ARMY P-51D-25 NA
SERIAL NO. AAF 4473264

CREW WEIGHT 200 LBS.
SERVICE THIS AIRPLANE WITH
100 130 OCTANE FUEL. IF
AVAILABLE T.O. NO 01-5-1
BE CONSULTED FOR EME
ACTION

SUITABLE
AROMATI

4 收藏家看"野马"

你可以通过多种途径获得一架适航状态的"野马"飞机——但这些方法都有两个共同点，需要花费大量的时间和金钱！你可以直接购买一架适航的古董飞机，你也可以通过你的双手，将一架飞行过多年，退役后被遗弃的旧机体，甚至是损毁的残骸，修复到适航状态。一旦所有的修复工作完成，整备后的飞机重返蓝天，内心的激动恐怕任何语言都无法完整地表达出来。这就是"野马"飞机收藏家莫里斯·哈蒙德想说的话。

寻求一架可用于修复工程的 "野马" 飞机

我从 1996 年开始寻求一架可用于修复的 "野马" 飞机。在这之前，我花了两年的时间修复并运行着一架 T-6 教练机，我看到了 "野马" 飞机，并和驾驶它们的飞行员聊天，了解一下这些人中有谁能介绍我认识一位愿意出售手中的 "野马" 飞机的收藏者——这社交链就变得越来越长了。

整个夏天，我遇到了两架飞机可供考虑。当年 9 月，我到奥斯卡什继续寻找可用于修复的飞机，在那里我偶然见到了我一朋友的朋友，他在加拿大拥有一架 T-6 教练机。他前几年到访过英国，并且飞过我的 T-6，和古董战机收藏圈子联系甚密。他引见我去看了一些 "野马" 飞机的附属合同文件。

总共考察了 4 架飞机，是时候决定买下那架了。在 1997 年复活节假期期间，我见到了刚运来的前新西兰皇家空军使用过的 "野马" 飞机，机号 NZ2427。尽管该机已被拆成了零件，但该机的部件保存得相当完好，远远超出当初的期望值！我现在要做的就是决定什么时

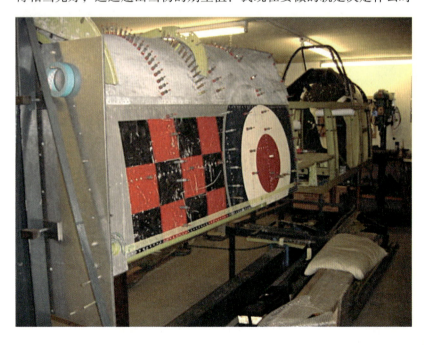

右图：一些将要进入收藏古董飞机圈子的新手会面临 "万事开头难" 的问题，将一架 P-51 飞机修复到适航状态，是一项艰苦的工程，需要全身心投入修复工作长达 4~5 年的时间，并且耗资巨大。[克里斯·阿布里（Chris Abrey）供图]

候开始整机的修复工作了。方向舵看上去完好如初。我的好朋友杰拉德·贝克（Gerald Beck）（现已去世）为我提供了很多施工建议，说真的，如果没有他的帮助和建议，这架飞机的修复工程会走更多的弯路，遇到更多的麻烦。

终于，在 2001 年 7 月 13 日，而且这天还是星期五（西方的黑色幽默，双重不吉利的日子，译者注），NZ2427 进行了从 1955 年以来的第一次飞行，现在该机换上了比尔·普莱斯少校当年在英格兰萨福克郡雷顿基地的 359 战斗机大队驾驶过的"贾妮"号的涂装。

上图：集收藏家和飞行员于一身的莫里斯·哈蒙德恐怕是世界上唯一一个亲自购买、修复两架 P-51D 飞机，并且驾机飞行的大咖。（贾罗德·科特尔供图）

总体费用

和普通人预计的一样，运行一架私人的古董飞机的开销不低。如果你关注油箱里燃料的费用，那不过是你预计费用的占比最小的一部分，一台"梅林"发动机在最经济的模式下，每小时都要烧掉至少 200 升汽油，你可以看到检修、年检、租用机库、起降费用、另外订购的零配件、螺旋桨检修和保险费用的账单如雪片般飞来，并迅速堆成一座小山。

经过 4 年半的修复工程，莫里斯收藏的首架 P-51 飞机完工，这架飞机回到了属于它的天地，在云上自由地翱翔，飞向远处的深蓝。（贾罗德·科特尔供图）

上图：莫里斯·哈蒙德不仅能驾驶他收藏的"野马"，而且在收藏家中是一个多面手。照片中他正在为他的工程师团队宣讲操作规程，之后开始"曼尼内尔"号的机翼分段安装工作。（诺曼·费尔特韦尔供图）

如果你正在考虑运行一架古董飞机，我建议你和收藏家 / 运行老飞机的人聊聊。他们可以很快地给你指出方向，告诉你将需要投入多少资金来实现你的想法。

我只能说用语言很难完整描述驾驶"野马"的感觉——超棒、好极了、杰出的，哪个词都不能准确表达。你所驾驶的飞机，在第二次世界大战期间起到了扭转战局的作用，是真实存在于你身边的历史的记忆。

文件档案

有个段子说，一架古董飞机从开始修复到准备首飞，将会产生与飞机等重的纸质文档！实际上，这个说法有些夸张了，但对即将开始修复 / 收藏"野马"飞机的人来讲，需要做好这个心理准备。

公司开展 P-51 古董飞机的修复工作需要得到民用飞机协会（CAA）的许可和支持。总工程师要编制工作计划，整理成 E4 格式的报告，提交给 CAA 进行审核，在报告中详细列出几年的修复工作中重要的里程碑节点。CAA 批准了 E4 报告后，还要签署一份符合 AA20 规范格式的适航批准通知单，该通知单准许收藏者修复和维护处于可飞行状态的飞机。根据工程进度，工程师团队还得根据要求填写每个工作小时内的工作日志，并归档。

让你的"野马"飞起来

当"野马"完成首飞前的整备，收藏者 / 修复者还要征得 CAA 的试飞许可。有了这项许可，飞机才能在英国领空进行必要的测试飞行。测试飞行一般持续一个月，测试期间总飞行时间通常限制在 4 小时以内，必要情况下，总飞行时数可以延长。飞行测试必须严格按照计划进行，哪怕出现很小的"偏差"，都必须及时纠正，飞行测试计划时间表要按规定格式编写，并提交 CAA 审核通过。这份文档是收藏者飞行手册的重要组成部分，而且还要根据 CAA 的要求编制维护时间表，并取得 CAA 的批准才可进行后续工作。

如果所有工作都按照计划执行，P-51 飞机将获准进行飞行活动，这架古老的战斗机又可以飞翔在英国领空了。这些活动需要进行年审并更新记录，针对每架飞机，都有着特定的限制条款，例如不允许飞机进行夜间飞行或仪表飞行（IFR），因为此类古董飞机只允许按照目视规则（VFR）进行飞行活动。

下图：莫里斯组织并参与了机翼与机身的对接，并成功地完成了这项任务。（诺曼·费尔特韦尔供图）

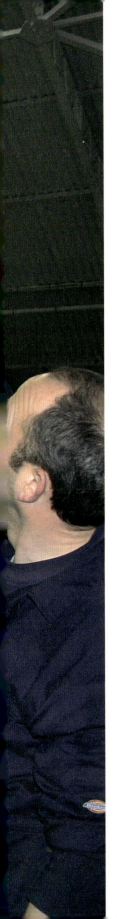

"战鸟"的聚会

第二次世界大战结束以后，战争期间制造的大量 P-51 战斗机就成为了像负担一样的"剩余物资"。事实上，"野马"在美国民众心目中，尤其是在战时驾驶过该机的人心中有着重要的地位，令人有些小惊喜的是，民间收藏家及飞行爱好者购买了大量"野马"飞机用于民间飞行活动，至今，仍保持飞行状态的"野马"飞机在众多收藏的第二次世界大战飞机中，数量也是最多的。当"野马"飞机开始变身为交易市场中的"民用"飞机时，那些资金足够充裕，并且想重温第二次世界大战飞行经历或体验高性能飞机的飞行爱好者就可以投入人力物力，保持这些飞机的适航状态。

共同的情怀和爱好很快促成了"战鸟"集会的开始，目前已成为世界范围内的大规模盛会，并拥有了自己的组织，业务蒸蒸日上。最早成立的"野马"俱乐部组织就是总部位于得克萨斯州的"联合空军"（CAF）。1957 年 10 月 17 日，劳埃德·P. 诺伦（Lloyd P. Nolen）和一些好友集资购买了一架寇蒂斯 P-40 "战鹰"战斗机用于娱乐飞行。当 P-51D 44-73843（民用注册号 N10601）挂牌出售时，他们便以 2500 美元的价格买下了这架飞机，随后他们的俱乐部更名为"野马和公司"。一天夜里，几个人私下给飞机的尾部涂写上"联合空军"（英文原文为"Confederate Air Force"）字样，标志着 CAF 俱乐部的诞生。同年 12 月，这架"野马"被涂上了诺曼底登陆的黑白识别带，无线电呼号代码命名为"VF-G"，俱乐部成员将该机命名为"老红鼻子"（Old Red Nose）号。该机在 1977 年通过官方途径捐赠给 CAF，在 1991 年成为美国空中力量遗产飞行博物馆的藏品之一。这架"野马"在 1993 年进行了翻修，现在该机成为民间"联合空军"的"迪克西"（Dixie）联队用机，而 CAF 在近年更名为"纪念空军"。从 1957 年开始，CAF 成长为世界上人数规模最大的拥有并运行第二次世界大战老战斗机和轰炸机的民间组织。

左图：莫里斯在装配帕卡德 V-1650-7 "梅林"发动机时，亲自做了很多工作，他也自行修复了该发动机的很多部件。[戴维·哈尔达克（David Hardaker）供图]

经过 4 年多的努力，飞机终于接近完成状态了。（戴维·哈尔达克供图）

照片中是夏季的一次日常聚会，地点在哈德维克，莫里斯·哈蒙德的"贾妮"号和"曼尼内尔"号与罗伯·戴维斯的"漂亮大娃娃"号一起停放在机场的草坪上。（克里斯·阿布里供图）

在 20 世纪 40、50 和 60 年代，一架"野马"的挂牌价格相对当时的物价水平不算很贵，随着收藏和驾驶老飞机的人数增长，这些古董飞机的交易价格也水涨船高了。当今，应收藏者的需求，修复老飞机，使其恢复适航状态，甚至训练可以执飞老式飞机的飞行员，俨然成为一个特殊的行业。翻修一新的"野马"飞机再次飞上蓝天，成为目前依然保持飞行状态的老式战斗机中最出名的型号。在世界各地的航展上，"野马"飞机的经典外形以及呼啸而过时发出的特有的啸叫声，成为吸引人们目光的，飞翔在天空中的"美国名片"。

学习飞行，享受骄傲和愉悦

一个有望成为"野马"飞机收藏者或飞行员的人需要认真考虑如何学习驾驶他或她的崭新的马力强大的座驾。参考第二次世界大战时期军事飞行训练的经验，从 T-6"德州佬"教练机转换到 P-51 飞机上，是个巨大的飞跃，毕竟当年"野马"战斗机的新手飞行员在熟悉他们手中这台暴烈的机器时，付出过惨痛的代价。战争结束以后，大量的 P-51 战斗机被当作剩余物资出售给民间人士，处于适航状态的飞机也是越来越多，因此，事故率直线上升。

在美国，"种马 51"公司的飞行教官们为计划收藏 P-51 飞机的人员提供了训练课程，使用具备两套操纵机构的 TF-51D 飞机作为教练机和飞行体验用机。该公司成立于 1987 年，"种马 51"训练计划也于那时开始实施，"野马"民间飞行的事故损失率也随之降低。圈子里盛传，如果你赢了彩票大奖并决定买一架适航的 P-51 飞机，你只有从该公司的训练课程中通过考试并毕业，才会有保险公司愿意为你和你的飞机提供保险服务。

P-51 飞机的飞行学员平均需要进行总共 2000 小时"种马 51"的训练飞行，包括 200 小时的后三点式起落架飞机的飞行时数，尾轮训练也可以在 T-6 教练机上进行。这些飞行时数的训练内容不全都是标准大纲中的，但是建议的总训练最低时数为 500 小时，其中 100 小时要在后三点起落架的飞机上进行，而其中必须有 10 小时是在 T-6 教练机上完成的。

在为期一周的课程中，学员每天飞行两个起落，平均每人在教学期间要飞 9 个起落，总飞行时数为 15 小时，每次飞行均有航前和航后简报。教学大纲要求至少经过 30 个学时的地面教学，学习如何维护 P-51 飞机。

考核训练的主要目的是教授学员掌握驾驶 P-51 安全飞行的所有常规的操作、紧急情况的处理流程和必要的机动飞行动作。课程培训让飞行员熟悉 P-51 的各个系统，正常和异常情况的处理流程，常规机动飞行动作，低速和高速机动飞行，包含从简单失速到尾旋改出等失控条件下的应急处理。也着重强调了起飞和降落的操作规程，包括在侧风条件下如何应对。前 3 次训练飞行，学员都是坐在后座上学习和体验，当教官认为是时候了，就和学员交换位置，让学员到前座驾机。

按照教学大纲训练，并取得满意的效果之后，训练飞行记录就会记入飞行日志，如果毕业时有要求，公司会提供一封 P-51 飞机驾驶资格的推荐信。但是，只有学员毕业时达到要求的标准时，才会颁发推荐信，光靠金钱是买不来的。之后，这些 P-51 的新飞行员就可以静候他们心爱座机的交付，享受骄傲和乐趣了！

上图："种马 51"的飞行员在一架具备两套操纵机构的双座型 TF-51D"野马"飞机上进行起飞前检查训练，就像照片上的这架 44-84745"疯狂骏马"号一样。[保罗·马什（Paul Marsh）供图]

"联合空军"（现"纪念空军"）的元老成
员是 P-51D 44-73843"老红鼻子"号，
这是最早由民间组织购买的几架"野马"
中的一架。（道格·费舍尔供图）

"战斗机收藏协会"收藏的配有两套操纵机构的TF-51"维尔玛小姐"（Miss Velma）号教练机的前座舱。（贾罗德·科特尔供图）

上图：TF-51 "维尔玛小姐" 号的后座舱，注意仪表板右边的提示文字 "单人驾机时，仅限坐在前座"。（贾罗德·科特尔供图）

对页上图：1945 年 3 月 24 日，在达斯福德基地，来自得克萨斯州约书亚（Joshua, Texas）的年仅 24 岁的王牌飞行员约翰·D. 兰德斯（John D. Landers）中校整装坐进自己的座机中，这架飞机就是著名的 P-51D 44-72218 "漂亮大娃娃"（Big Beautiful Doll）号，随后他率领 78 战斗机大队的机群起飞，飞越莱茵河，深入德国境内作战。他们的任务是在目标空域进行扫荡，寻找并击落德军飞机，扫射敌方的运输车队。莱茵河流域与德国其他地区距离甚远，78 大队和其他第 8 航空军所属部队会对任何出现在盟军地面部队数英里外的德军车辆和火车进行轰炸扫射。兰德斯中校是美国陆军航空队中最著名且经验最丰富的飞行员之一，同时也是一只手就能数过来的既参加过欧战也参加过太平洋战争的飞行员之一。（美国国家档案馆供图）

对页下图：P-51D 44-72308 "山脊奔跑者 III" 是皮尔斯·W. "马克"·麦金农（Pierce W. 'Mac' McKennon）少校的座机。麦金农少校是第 8 航空军第 4 战斗机大队 355 战斗机中队的指挥官，击落敌机 11 架。1945 年 4 月 16 日，他对停放在德国罗森海姆·加林根（Rosenheim-Gahlingen）机场的飞机进行扫射时，一枚地面发射的炮弹射入他驾驶的 "野马" 的座舱，并发生爆炸，尽管他头部右侧受伤，头、脸和脖子都挂彩了，流了很多血，"马克" 设法迫降在一个前线机场上，医务人员在他身上取出多块弹片并处理好伤口，并建议他暂时不要飞回迪布顿，但是他无视了这个建议，带领编队返航。（时间线供图）

很多收藏者喜欢把他们的"野马"涂装成著名王牌座机的式样，例如罗伯·戴维斯的加拿大飞机公司制造的"野马"飞机，完成返修后就涂装成"漂亮大娃娃"号的样式，随后便成为达斯福德航空展上的明星飞机。这架"野马"涂装的原机有着富有传奇色彩的作战经历，绘有击落日本和德国飞机的战果标记。（贾罗德·科特尔供图）

来自加利福尼亚州霍利斯特（Hollister）的丹·马丁收藏并运行着这架漂亮的北美 P–51D "野马"（制造序号 44–72483），并命名为 "山脊奔跑者 III"（Ridge Runner III）。除了在航展上进行飞行表演，该机也作为非限制级比赛用机参加 "雷诺国家冠军空中竞速赛"。该机在机头绘有内容为一头阿肯色野猪从两顶降落伞旁奔跑而过的漫画。这象征着这位 "伙计" 是阿肯色州土著，并且被击落过两次。第一次被击落时，飞行员逃过了敌人的追捕并且在法国抵抗组织的帮助下返回部队。而他第二次被击落后，跳伞降落在敌占区，这次逃脱得更加干脆利落——他的战友驾机降落在他附近，并让他坐在自己的怀里，强行起飞，返回迪布顿！（斯科特·杰曼供图）

对一名"野马"飞机的收藏者来讲，很少有能比在战争纪念日驾驶着"野马"与3架美国空军的F-15"鹰"式战斗机一同编队飞越马丁利剑桥阵亡美军公墓的纪念飞行更加激动人心的时刻了。这张照片拍摄于2005年，两架P-51D分别是莫里斯·哈蒙德驾驶的"贾妮"号和罗伯·戴维斯驾驶的"漂亮大娃娃"号。公墓中共有3812个墓碑，每个墓碑下埋葬着一名在第二次世界大战中阵亡的驻英国本土的美军服役人员。另有5612人的姓名刻在纪念失踪人员的立石上，这些阵亡/失踪人员中，有3524人是美国陆军航空队的空勤人员。（美国空军供图）

拍摄者坐在 P-51D 44-13521 "曼尼内尔"号座舱内的后座上,看着前座的莫里斯·哈蒙德开着飞机飞翔在诺福克郡上空。(贾罗德·科特尔供图)

如果操作得当,那么很少有飞机能像"野马"那样表现出色。然而,如果换作一个缺乏正规训练的飞行员来驾驶 P-51 这样的高性能活塞式飞机,那么很快就会被"三振出局"!

——李·劳德贝克(Lee Lauderback),"种马51"培训公司

5

飞行员看"野马"

"野马"战斗机的性能和飞行品质使那些驾驶过该型飞机的飞行员惊呼"这是空中的凯迪拉克!""野马"有着顺滑的空气动力学特性和一台功率强大的发动机,作为武器装备,也拥有着高超的作战效能,外形也非常漂亮。本章为读者讲述作为复原古董飞机和在战时分别是如何驾驶"野马"飞机飞行的。

飞行前的检查

绕机检查从左侧机翼后缘开始。查看襟翼是否有损伤，观察副翼的铰链和调整片，检查这两片操纵面是否正常联动。检查机翼前缘是否有损坏的地方，观察主轮舱，查看液压蓄压器的压力值，确认压力表的指针在绿色区域内。观察轮胎和轮胎背面的刹车组件，检查是否有红色的液压油痕迹，如果有，则表明液压油封已损坏，已经漏油了。

观察螺旋桨桨叶和整流罩，是否存在伤痕，你可能会在桨叶上发现划痕，这可能是发动机上次运行时，螺旋桨的气流卷起来的小石子打到叶片上留下的痕迹。观察排气管，检查所有的排气管颜色是否相同，如果某根排气管颜色更深，那就说明这根排气管对应汽缸的火花塞出问题了。

通过泄油口检查油箱和油箱盖垫圈处是否存水。当你在机翼下方时，往散热器涵道内看，是否有异物进入。继续绕到机身右侧进行目视检查，观察是否存在任何损伤的痕迹。检查散热器调节门的开闭情况、尾轮和尾轮舱门是否正常。检查尾翼的前缘是否有碎石撞击造成损坏痕迹，观察升降舵和方向舵铰链，活动是否正常，是否有螺栓缺失。检查调整片是否有超限活动，检查机尾段的静态通风口是否有异物堵塞。检查发动机滑油、液压油和冷却液的余量。

当你进入座舱后，确认起落架收放手柄处于"放下"位置，并且总开关也处在"关闭"的位置。检查各仪表的指示是否正常。检查油表的读数是否准确，检查座舱盖应急抛盖的把手是否已被铜线锁紧，并检查座舱内所有可能存在松动的地方。

启动发动机

打开电池总开关和发电机开关，确认慢车关闭油路的开关拨杆在"切断"（cut-off）位置，将主油路开关从"关断"（shut-off）状态拨到油泵接通的状态，将油箱选择扳手先后切换到左侧或右侧主油箱，并用耳朵听选中的油箱的油泵是否正在运行。查看油压，将油门杆向前推 3/4 英寸，然后按下注油开关向发动机注油。

245—248 页图

1. 确认燃油开关在"开"位置。

2. 打开发电机和总开关。

3. 将油泵开关拨到"开"位置。

4. 按住发动机起动机开关，心中读秒，读够规定秒数再放开。

5. 右手放在起动机开关上，左手放在磁电机开关上。

6. 先将起动机开关拨到"开"（ON）位置，再将磁电机开关拨到"共同"（BOTH）位置。

7. 发动机启动后，将燃油 / 空气混合比控制手柄推到"自动富油"（AUTO RICH）档位。

8. "曼尼内尔"号的发动机正在运转，整机沐浴在秋日温暖的阳光中。

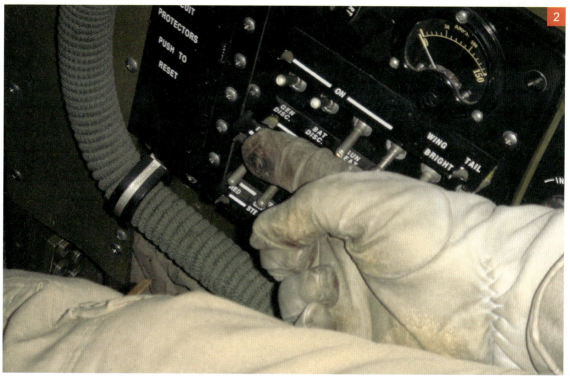

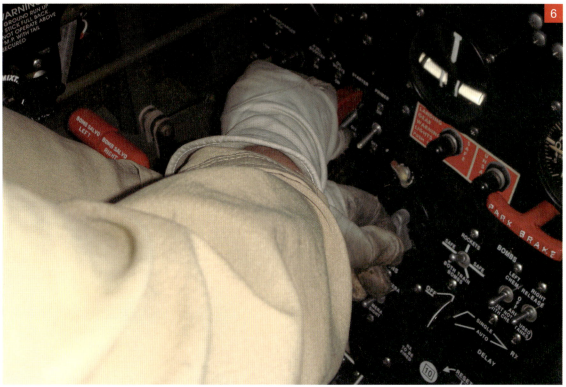

通常情况下，经过大约 10 秒，发动机会突然冷启动。松开注油开关，掀开起动机开关保险盖，按下起动机开关，当发动机开始旋转起来的时候，将磁电机开关拨到"both"位置，并迅速将油气混合控制手柄推到"自动富油"（auto rich）位置。发动机会以 1000rpm（每分钟 1000转）的转速持续运行，如果启动失败，则按下注油开关数秒，为发动机注入更多燃料。等发动机正常运转了，检查滑油压力表的读数是否正常。

驾驶"野马"飞行表演

当今仍在飞行的"野马"，通常情况下整机的起飞重量都要比战争年代轻很多。战时，飞机机内油箱内要满油，还要带上副油箱以及 1/4 吨的弹药，在这种使用场景下，飞机的飞行性能就和现在复原机的状态有着显著区别了。当机身油箱处于满油状态时，重心会后移，接近极限位置，飞机的俯仰操纵会变得异常灵敏。第二次世界大战期间，老飞行员中流传着一个秘诀，在机身油箱中保留 1/3 的油量，可以让飞机在空战机动时更加"顺手"。现在，飞机后座上搭载一名乘客（原机身油箱拆除，替换为后座座椅，这样刚好满足"老鸟"所说的机身油箱的重量，译者注）外加主机翼油箱满油时，飞机的俯仰操控比其他时候要灵敏很多。

驾驶"野马"进行飞行表演是一件非常爽的事情，尤其在油箱半油的情况下，飞机的性能表现简直无与伦比！垂直机动飞行时，需要发动机长时间以最大功率运行，此时转速为 2700rpm（每分钟 2700 转），歧管压力为 47 英寸汞柱。当做过载较小的动作时，转速降到 2500rpm（每分钟 2500 转），歧管压降到 40 英寸汞柱，此时"野马"在空中的油耗为每分钟 2 加仑，机上剩余油量足够飞行表演期间使用的了。飞机做垂直机动时，过载相对柔和，最大只有 4g。飞机做筋斗动作时，最小进入速度为 330 英里 / 小时，在筋斗顶部的最低速度为 110 英里 / 小时。"野马"在俯冲时，增速非常快，你可以很容易地快速体验到"小马"到"大马"的变化。

在高速飞行时，操纵杆的杆力非常大，所以管理飞机的动能非常重要，只有这样才能让飞行轨迹顺滑而不突兀。一定要避免在低空速时拉杆抬头，因为"野马"在低速时不会给你太多的反应时间，但在飞机即将失速的时候，会给飞行员明显的警示。

在正常飞行时，座舱内的视野非常好，然而在降落时，前方视野会被高高仰起的机头遮挡住大部分。进近的时候最好飞一条弧形的航线，这样你能有机会清楚地看到跑道，进场过程中，在跑道上的接地速度上限约为 110 英里 / 小时。

P-51 复原机检查单

飞行前座舱内检查

总开关 – 开（ON）

油量表 – 检查

配平 – 方向舵向右调整 6 度 / 升降舵 0 度 / 副翼 0 度

起落架 – 收放手柄在"下"（DOWN）位置 / 代表起落架放下锁止的绿色指示灯亮

操纵杆 – 未锁死 / 自由移动

磁电机 – 开关在"关"（OFF）位置

散热器调节门 – 开（OPEN）/ 闭（OFF）

座舱盖应急抛盖手柄 – 检查保险线

冷却液泄放 – 检查保险线

预加注滑油开关 – 按要求 / 关（OFF）

总电源开关 – 关（OFF）

飞行前机外检查

后冷却器内冷却液余量 – 检查

液压油余量 – 检查

左侧 襟翼 – 检查

左侧 油箱加油口 – 检查 目视 / 加油口盖安全闭合确认

左侧 机翼 – 检查 外观 / 副翼 / 配平调整片

左侧 左起落架 – 检查 轮胎 / 刹车 / 起落架支柱 / 舱门

左侧 轮舱 – 检查

集油槽 – 左侧主油槽 / 右侧主油槽 / 滤清器

左侧排气管 – 检查 / 拔掉塞子

机头滑油箱余量 – 检查

螺旋桨 – 检查 / 拨动桨叶

右侧 排气管 – 检查 / 拔掉塞子

右侧 轮舱 – 检查 / 蓄能器压力值确认

右侧 起落架 – 检查 轮胎 / 刹车 / 起落架支柱 / 舱门

右侧 机翼 – 检查 外观 / 副翼 / 配平调整片

空速管护套 – 摘除

右侧 油箱加油口 – 检查 目视 / 加油口盖安全闭合确认

右侧 襟翼 – 检查

右侧 机身 – 检查

滑油散热器调节门 – 检查

冷却液散热器调节门 – 检查

尾轮 – 检查 轮胎 / 机件 / 轮舱门

右侧 水平尾翼 – 检查表面 / 升降舵 / 配平调整片

垂直尾翼 – 检查表面 / 方向舵 / 配平调整片

左侧 水平尾翼 – 检查表面 / 升降舵 / 配平调整片

左侧 机身 – 检查

轮挡 – 拉出

启动前检查单

主电源开关 – 开（ON）/ 送话器 检查

飞行控制机构 – 检查

襟翼 – 收起（up）

化油器空气控制 – 冷（cold）/ 填塞（ram）

肩部安全带 – 已解开

配平 – 检查确认 方向舵向右调整 6 度 / 升降舵 0 度 / 副翼 0 度

燃油空气混合比控制杆 – 慢车 切断

螺旋桨 – 前向全速

油门杆 – 放在 1/2 英寸刻度处，开

电压表 – 检查电压值应在 23 伏以上

燃油消耗表 – 检查读数 / 重置清零

无线电 – 关闭

燃油增压泵 – 开

燃油切换开关 – 选择正确的油箱 / 检查旋钮是否转到位

燃油油压表 – 检查读数是否在 10～12 磅力 / 平方英寸之间

油量表 – 检查左右两个主油箱上面的油量表读数

达芙特龙（Davtron）飞行时钟 – 对时

加速度表 – 重置

温度表 – 检查读数

静态仪表 – 检查读数

停机刹车 – 松开

应答机 – 置为待机状态

氧气余量 – 按要求检查确认

液压 T 形手柄 – 入位（in）

起落架告警装置 – 测试 /5 个灯亮并且发出声音提示

起落架 – 放下状态（down）/ 锁止 / 处于止动状态

静态歧管 – 检查数字

磁电机开关 – 关（OFF）

冷却液 / 滑油散热调节门 – 自动（auto）/ 解除

预润滑开关 – 关（OFF）/ 解除

发电机 / 着陆灯 / 航行灯 / 无线电 总开关 – 关（OFF）

暖风机开关 – 关（OFF）

断路器 – 插入（in）

发动机启动检查单

燃油油压表 – 检查读数是否在 10～12 磅力 / 平方英寸之间

发动机冷车状态 – 注油 6～12 秒 / 热车状态 1 秒

清场口令 – "clear!"（清场！示意机外所有人离开飞机周围！）

启动发动机

四片桨叶均从眼前滑过 或者 发动机点火 – 磁电机开关拨到 "both" / 油气混合比手柄推到 自动（auto lean）

调节油门 – 使发动机转速稳定在 800rpm

起动机防护装置 – 关闭

滑油压力表 – 检查

发电机 – 开（ON）

航行灯 – 开（ON）

无线电总开关 – 开（ON）

发动机试车

发动机暖车 – 转速 1500rpm（每分钟 1500 转）/ 发电机指示灯灭 / 滑油温度高于 40 摄氏度

发动机正常运转 – 转速 2300rpm（每分钟 2300 转）/ 歧管压力对应气压 1/2 英寸以上

螺旋桨 – 循环 3 次 /400rpm（每分钟 400 转）以下

磁电机 – 左侧检查已拉下 / 右侧检查已拉下 / 共同

增压器 – 开（ON）/ 歧管压力 1 英寸 / 转速 50 以下 / 关闭（OFF）

机载系统 – 检查电压 / 电流 / 温度 / 液压压力

慢车 – 检查转速是否稳定在 600～700rpm（每分钟 600～700 转）

磁电机保险盖 – 检查是否关闭（OFF）/ 慢车最小转速时打开（ON）

起飞前检查单

发动机转速 – 1500rpm（每分钟 1500 转）

襟翼 – 收起 / 检查左右两侧襟翼

座椅安全带 – 已扣好

配平 – 检查确认 方向舵向右调整 6 度 / 升降舵 0 度 / 副翼 0 度

混合比 – 自动富油

螺旋桨 – 全速向前

无线电 – 设置为 "起飞模式"

燃油增压泵 – 开（ON）

油量 – 检查左右两侧油箱 / 无燃油泄漏

温度表 – 检查

罗盘 – 归零

高度表 – 归零

停机刹车 – 释放（OFF）

应答机 – 备用模式

液压 T 形手柄 – 插入（in）

滑油温度 / 滑油压力 / 燃油压力 – 检查

磁电机 – 并行（both）

冷却液 / 滑油散热调节门 – 自动（auto）

航行灯 – 导航（nav）/ 频闪（strobe）

电路断路器 – 插入（in）

起飞

座舱盖 – 关闭 / 锁止

发动机转速 – 2300rpm（每分钟 2300 转）

刹车 – 释放

发动机增压 – 38～40 英寸歧管压力

高度 – 三点着地滑跑加速到 50 节时，将操纵杆
置于中立位置

增加动力输出 – 平滑地将歧管压增加到 55 英寸 /
歧管压为 46 英寸时，检查动力

离地 – 100～110 节

升空后

起落架 – 收起

动力 – 歧管压 46 英寸 / 发动机转速 2700rpm
（每分钟 2700 转）

爬升速度 – 150 节

机上系统 – 检查 / 监控

降落

顺风向：

歧管压 – 歧管压不低于 26 英寸

配平 – 方向舵向右 4 度 / 根据需要

襟翼 – 20 度

螺旋桨转速 – 2700rpm（每分钟 2700 转）

起落架 – 在空速低于 150 节时放下 / 绿灯提示

空速 – 保持在 140 节

返场：

襟翼 – 30 度

空速 – 130 节

对准跑道：

襟翼 – 40 度

空速 – 130 节

进近：

襟翼 – 完全放下 / 根据需求

空速 – 100～110 节

起落架 – 放下 / 锁止 / 绿色指示灯亮

降落后：

襟翼 – 收起

配平 – 重置为起飞时要求的参数

螺旋桨 – 全速向前

燃油增压泵 – 关闭（OFF）

应答机 – 待机状态

航行灯 – 导航模式 / 停止闪烁

关车

发动机转速 – 1000rpm（每分钟 1000 转）

航行灯 – 关闭（OFF）

无线电总开关 – 关（OFF）

冷却液 / 滑油散热调节门 – 关闭

混合比 – 慢车 切断

襟翼 – 放下

油门 – 收至关闭

燃油泵 – 检查是否已关闭

油箱切换选择开关 – 旋至"OFF"

操纵杆锁止 – 开启

液压 T 形手柄 – 拉出

磁电机 – 关闭（OFF）

冷却液 / 滑油散热调节门 – 检查是否已关闭

发电机 – 关（OFF）

总开关 – 关（OFF）

这就是我要的飞机！——李·"荷兰人"·埃森哈特

　　李·"荷兰人"·埃森哈特是 339 战斗机大队，504 战斗机中队的一名飞行员，以下内容为他在 1944 年 6 月 6 日，也就是著名的 D 日，驾驶"野马"作战的回忆。

　　"我记得在 D 日的前一天，长官建议我们试着晚上好好休息，睡个好觉，这和之前的几天不太一样。我们直到午夜都没能入睡！然后克雷戈（Craigo）进到我们的 C 飞行队的宿舍叫醒我们。麦克卢尔（McClure）在进门第一个床铺上，他问道'我刚睡着！现在几点了？'于是'最长的一天'开始了。

　　"我们的任务是在登陆船队西侧空域巡逻飞行。作战简报流露出高度的紧迫感，作战开始了！

　　"在简报最后，我记得亨利（Henry）上校在总结发言时特别提到：'好吧，小伙子们，放轻松，这场行动看起来就跟回家过圣诞一

下图：504 战斗机中队的李·"荷兰人"·埃森哈特（Lee 'Dutch' Eisenhart）上尉坐在他的 P-51B 5Q-G "邦尼·碧"（Bonny Bea）座机的机翼上。（美国国家档案馆供图）

样。'我们在凌晨 3 点左右起飞,天气很一般。我记得比尔·鲁特(Bill Routt)直接在无线电里呼叫说:'起飞后最好按仪表飞行。'而比尔的仪表飞行技术相当棒。

"为了这次任务,指挥部规划了飞往战区和返航的地标。去程的航标点为怀特(Wight)岛西侧,大概在韦茅斯(Weymouth)附近。如果我们尝试着从地标点外的任何区域穿越,都会被舰队当作敌机对待,遭到防空炮火的射击。

"我们这些飞行员中有一人在北海上空爬升高度期间掉队了。他每次尝试着穿越回来,但是都遭到防空炮火的驱逐。直到破晓,他才结束在海面上空无助的盘旋,找到指定的地标,并飞越过去。

"我们的中队指挥官不能确定我们是否在指定航线所在区域,但大家也能理解这种情况,毕竟天气很差,能见度非常糟糕,我们像飞毛腿一般来回穿梭,兜兜转转地尝试找到正确航向。我们当中的两人发现了问题,发现大家在兜圈子,埃尔顿·J.布朗沙德尔中尉(Lt Elton J. Brownshadel)是其中一位(另一个飞行员的名字我想不起来了)。埃尔顿是一名优秀的飞行员,也是一个可爱的小伙子。这可能发生在我们任何一个人身上。当我们找准方向并飞过去,下面的场景令我们着实难忘。

"炮弹从临近的岛屿上、舰队中以及登陆的滩头阵地上飞过来,绚丽的曳光弹道,唤起了记忆中的 7 月 4 日美国独立日庆祝的焰火的场景!当天色渐亮,看到海面上参战舰艇的数量,大大超乎想象。舰艇几乎从英格兰首尾相接排到了登陆滩头!这是一个令人难忘的场景,我很兴奋自己能从一个'上帝视角'来鸟瞰这样一场波澜壮阔的作战行动。

"当天我执行了 3 次任务,总共飞行了 13 小时 45 分钟。其中第二个任务是轰炸任务,去拦截地面上任何一个向前线运送物资给养和装备的车队。我们炸掉两列火车,其中一列是运载弹药的。最后一个任务是在登陆滩头南部上空扫荡敌方战斗机。完成任务返航时,已是傍晚,我们呈战斗编队飞行,在阴云之下,并排前行。中队长格雷维特(Gravette)的无线电接收机出故障了,我们可以听到他讲话,但是他无法听到我们的声音!

"赫尔维·斯托克曼(Hervey Stockman)突然在无线电中发出呼叫,'敌机,6 点钟方向,高!'(Bf 109 机群从乌云中猛地钻出来,毫无疑问,是敌方的雷达引导他们过来拦截的)斯托克曼向格雷维特的机头前方打了一个短点射,向他发出警告!格雷维特随后在无线电中吼道:'斯托克曼,你这个混蛋在干什么!!'与此同时,我们已经全体散开，向德国佬扑过去了。格雷维特这才意识到危险！这场战斗，双方都没有任何战果和损失，打了个零比零。

"后面的几天，我们在各自的中队的防区分散活动。休息室中配备了行军床，这样我们就可以在两次任务之间的间隙躺上去直直腰，打个盹儿。当下个任务的出发时间到了的时候，就会有人踢我们的飞行靴子底，把我们叫醒。每个中队在起飞线附近都有自己的厨房，让我们在战斗值班时可以随时吃上饭。

"机工长在最后一分钟才得到命令，往每架飞机上涂刷黑白相间的'入侵者识别条'。由于完全没有准备，绝望之下，他们只好收集任何刷子来刷油漆，甚至有人告诉我，连鞋刷甚至马桶刷都用上了。

"我被告知我的座机没能按时完成整备，所以安排给我另一架飞机用于执行 D 日的作战任务。可以想象我此时的惊讶和郁闷，大白天的在停放的机群里找新分给自己的飞机！就像命运安排的一样，在出发前的最后一分钟，我原来的座机修好了，不用换飞机了，而之前要调换给我的那架飞机，分配给了一个新来的飞行员。

"仅仅几天后，就传来了坏消息，我们失去了布朗谢德尔（Brownshadel），而他的哥哥也在部队中服役，还不知道埃尔顿战死的消息，还到福尔莫来看他，到了才得知他已在 D 日当天阵亡。很不幸，这就是战争真实而残酷的一面。"

下图：503 战斗机中队的伊诺克·B. 史蒂文森（Enoch B. Stephenson）少校。（339 战斗机大队战友会供图）

最令我难忘的任务——伊诺克·B. 史蒂文森

对 339 战斗机大队 503 中队的飞行员伊诺克·B. 史蒂文森来讲，D 日当天的巡逻注定是非同寻常的。

"D 日的前一天，也就是 6 月 5 日，天气相对不错，约翰·艾特肯（John Aitken）当时是我们的中队长。我们稍后回到福尔莫，我们当中一些人去了军官俱乐部，到了那里之后，被告知，俱乐部暂时关闭了，让我们抓紧时间回营房睡觉。

"当我们离开营房时，我记得我看到了亨利（Henry）上校和伍德伯里（Woodbury）将军一起，跟杜立特（Doolittle）将军深度交谈。杜立特将军的胳膊下面压着一卷地图。不用多想，就能意识到我们目前处在 D 日行动的前夜。

"我们执行完任务归来后，发现食堂已经关门了，这在完成靠后的任务归来后，几乎是常态了。我们一如既往地抱怨这种情况，但没什么意义。我转天还要带队出击，于是只得上床睡觉了！

"在晚上 11 点钟，我身边的电话响了，拿起后传来熟悉的声音，'30 分钟内进行任务简报'。我把各队的队长都叫了起来，让他们去叫下属的飞行员起来，然后一起奔向在外面等候的卡车，前往简报室。那一天充满了令人振奋的消息，因为那天是 6 月 6 日，D 日。

"整个大队被分成两部分，分别执行两个任务，503 中队奉命执行第一个任务，计划在凌晨 12:30 起飞。天气条件一般般，跑道边仅靠 6 个点燃的油漆桶作为照明灯！跑道起点放了俩，跑道中间放了俩，其余放在跑道尽头，起飞的过程刺激极了！地面灯光能照到的高度只有 500 英尺，周围伸手不见五指，这意味着一旦升空，你就不得不靠仪表飞行了。在机场上空盘旋两圈之后（为了后续起飞的飞机能和空中的飞机完成编队），我们编队朝兰兹角（Land's End）飞去。尽管大部分年轻飞行员缺乏仪表飞行的经验，但非常幸运，所有的事情进展得比较顺利，没有出现什么差错和事故。

"我们的预定任务是在英国本岛西南角至法国海岸线外的泽西（Jersey）岛和根希（Guernsey）岛之间的空域巡逻。我们必须在乌云下方来回巡逻，在任务空域保持 3 个小时以上的存在，直到 339 大队的其他中队来接替我们。巡逻飞行的过程非常枯燥乏味，看不到任何敌方的活动。此外，我们的任务空域远离登陆滩头，也看不到友军的作战情况。

"3 个小时的巡逻任务完成了，大队里的其他中队过来接替我们了，后面根据战前讲解的安排，我们前往登陆区域南方去搜寻敌方的目标。我们中队沿着一条东西走向的高速公路自东向西飞行。过了一个小时，我们发现一个由 6 辆卡车组成的运输车队，车上装满了德国士兵，朝登陆作战的滩头驶去。我们俯冲下去扫射了车队，摧毁了全部 6 辆卡车，打死了无数敌军士兵。到了这个时候，我决定我们应该返回福尔莫，加油装弹，重新起飞作战。

"我为我们的飞行员深感骄傲，尤其是那些年轻的缺乏经验的小伙子们。他们面对从来没遇到过的情景，努力尝试着执行任务；在暗夜条件下不依赖跑道灯的引导完成起飞，升空后仅依赖仪表指引来飞行！我相信，6 月 6 日那天的任务将会是我的作战生涯中最值得纪念的一次作战任务。"

一名成长中的战斗机飞行员——史蒂文·C.阿纳尼安

史蒂文·卡宁·阿纳尼安（Stephen Carnig Ananian）是第 8 航空军第 6 战斗机司令部 339 战斗机大队 505 战斗机中队的飞行员。他在 1922 年 12 月 25 日出生于纽约，从小喜欢飞行，心目中的英雄偶像是查理斯·林德伯格（Charles Lindbergh）、航空竞赛飞行员罗斯科·特纳（Roscoe Turner）和吉米·杜立特（Jimmy Doolittle）。他没想到自己被编入第 8 航空军，由吉米·杜立特将军领导，并在查理斯·林德伯格 20 年前放单飞的机场开始自己的单飞。

1941 年 12 月 7 日，日军偷袭了珍珠港，当时史蒂文还是纽约大学工程学院的一名学生，珍珠港事件的转天，他就报名参加了美国陆军航空队的飞行员招飞。1943 年 2 月 3 日，他到亚特兰大的新兵营应召入伍，然后到位于亚拉巴马州蒙哥马利市的麦斯威尔机场的陆军航空学院进行系统训练。经过两个月的体能训练和文化测试，他成为一名"飞行学员"和实习飞行员。

"基础"的学校训练在佐治亚州阿梅利克斯（Americus）市的南部机场进行，使用的教学飞机是斯蒂尔曼 PT-17 教练机。这个机场正是多年前查理斯·林德伯格第一次放单飞的机场。史蒂文学得很好！经过两个月总共 60 个飞行小时的训练，他从"初选班"毕业，升至"基础班"进行训练，训练地点在密西西比州的格林伍德，然后到密西西比州杰克逊市升入"高级飞行学校"。他在那里驾驶北美 AT-6 教练机，并飞上了人生中的第一种战斗机型号，P-40"战鹰"战斗机。1944 年 3 月 12 日，他从密西西比州杰克逊的飞行学校以"44C"级毕业生的身份毕业，并成为一名战斗机飞行员。他获得了飞行勋章，并被授予美国陆军少尉军衔。

史蒂文搭乘"法兰西岛"号蓝缎带邮轮出征海外前往英国。他被编入第 8 航空军第 6 战斗机司令部下属的 339 战斗机大队 505 战斗机中队,驻地在剑桥郡附近的福尔莫 F378 场站。以下部分为他首次执行"作战"任务的故事:

"序言"

写给我的孩子、孙辈还有曾孙辈们——给我所有的晚辈们,我的飞行员战友们有三分之二都在战争中阵亡了。这些小伙子们没有机会结婚,也不会有孩子和孙辈。他们从来没有来得及享受我这样的天伦之乐,甚为惋惜。

"以下文字是他们中的一些人冒着生命危险写成的故事,有了他们负重前行,才有我以及你们得以生活在自由和平的世界中。我在我的余生中不断地问自己,'为什么是我活了下来?'美好的生活是战友们千辛万苦用命换来的!我恳求你,不要轻视他们给你的礼物,毕竟当下的生活,你是赚到的!"

146 号任务：记录号 #598

（0952–1345）

任务日期，1944 年 10 月 5 日，起飞时间 09:52，返场时间 13:45。

这次任务是到明斯特（Munster）上空执行 PTWS 任务（注）。战斗机编队在艾姆伊登（Ijmuiden）上空与轰炸机编队会合，并护送他们回到须德海（艾瑟尔湖）（Zuider Zee）。然后编队折返，接上掉队的飞机。行动中有一架飞机被敌方防空炮火击落。

损失／损毁：史蒂文·阿纳尼安少尉（505 中队），座机被敌方高炮一发空爆榴弹破片击中，在海峡上空距离奥尔德堡（Aldeburgh）岸边约 40 英里处跳伞，幸存。

评论：阿纳尼安少尉跳伞落入水中的时候，他被降落伞覆盖住，无法脱困，海风将其吹向远海方向。乔治·T. 里奇（505 中队）驾机低空飞过阿纳尼安的落水地点，用螺旋桨卷起的气流吹开了水面上的降落伞。一个半小时后，一架英国皇家空军"海象"水陆两栖飞机降落在海面上，将阿纳尼安救起。"海象"飞机因故障无法再次起飞，只得等待一条英国扫雷艇前来转移所有人员。扫雷艇不得不将故障飞机击沉，并将所有人员带回。阿纳尼安少尉返回部队后休整了几天便重新执行飞行任务。

（注：PTWS= 巡逻飞行至目标空域，返航前扫清所有发现的敌方目标）

"通条"：轰炸机护航任务

"'通条'是盟军用来称呼战斗机为轰炸机护航的战斗任务的代号。我猜这个代号是从过去西部牛仔那里传来的。牛仔们用来赶牛的东西就被称作"通条"（Ramrod）。这些牛仔将走散的牲口聚拢在一起，把它们带回牛栏里。由此看来，用这个来形容护航任务，简直再合适不过了！我经常感觉我在给轰炸机们放牧，保护它们，防止被狼一样的敌方战斗机攻击，并安全地将它们带回家！

"每个战斗机飞行员都对自己第一次执行的作战任务印象深刻，但我的首个任务却成为他们长时间的谈资！1944 年 10 月 5 日，我们被早早叫醒，那是一个风大且寒冷的早晨。简报进行得异常迅速，言简意赅。当天的任务是'通条'任务，为两个编队的 B-17 轰炸机护航。这是一个短距离任务，时长 4 个小时。目标，鲁尔山谷中的明斯特（Munster）。预计目标区域会有猛烈的高射炮火。大概没有敌方战斗机拦截，即使有，也是少量的 Me262 喷气战斗机。高度，27000 英尺。结冰高度，2000 英尺。气象预报提示有强烈的上升气流。英吉利海峡

对页图：339 战斗机大队的史蒂文·C. 阿纳尼安少尉坐在他的 P–51D 座机的座舱中。一次，他跳伞落入北海后，被驶往泰晤士河口（Thames Estuary）的英国拖网渔船"乔治·阿德格尔"号（HMS George Adgell）救起，他刚脱离危险正在休息的时候，刚刚救起他的船员问他是否可以把尼龙材质的降落伞送给他们的女性朋友。降落伞使用的尼龙布料非常适合做内衣，穿着非常舒适，这在饱受战争蹂躏的英格兰，是非常抢手的面料，他不假思索答应了这个请求。当船靠港，他从步桥下船时，全体船员都在甲板上目送他，并向他敬礼，将他的降落伞的一片布料作为纪念品送给他。他们让他在飞行时把这片降落伞布当成围巾缠在脖子上，当作护身符。史蒂夫深感荣幸并被救他的人的举动深深感动，后面他又执行了 61 次作战飞行任务，并习惯性地围着用他用过的降落伞上的这块布做的围巾！（史蒂文·C. 阿纳尼安供图）

和北海有大风警报。这些意味着不会有海空救援力量沿着飞行路线巡逻。'如果你在这个区域看到任何营地,不要对其进行扫射。这些可能是战俘营,不要冒着误伤自己人的风险去攻击。'

"我驾驶的是切特·玛拉茨(Chet Malarz's)的飞机,是一架外形顺滑的 P-51B 战斗机。他的机工长告诉我,这是一架非常棒的飞机,发动机是新换的,到目前为止总共才运行了 10 个小时。我被编入白色飞行队中,汤姆·里奇是带队长机,我是他的僚机。我们在 09:52 起飞。

"我们在机场上空盘旋,等待地面上后续起飞的飞机加入我们的编队。我们在 10:26 跨过'出陆地节点'(Land-fall-out)(从陆地上空跨过海岸线,进入海面上空的节点),编队向北海飞去。我可以看到翼下海面上的白色浮冰,看上去非常寒冷,难以在其中生存。

"就在即将抵达荷兰的海岸线时,编队散开,呈战斗队形。我们大队在'进陆地节点'(从海面上空跨过海岸线,进入陆地上空的节点)时,与轰炸机编队会合。整个编队跨过须德海,几乎直接朝着汉堡飞了过去,然后做了 90 度转弯,向鲁尔山谷进发。我们从须德海附近穿过,飞越一些小岛。丹麦和瑞典在北边,'第三帝国'就在正前方!一切都很平静,让我们很难相信我们在战争状态,敌人在下面很远的地方。

"突然间,'砰'的一声巨响!空中炸出一团黑烟,黑烟中间是迸发着愤怒气息的橘红色火焰——高射炮!!我的发动机紧接着熄火并失去动力了。我连忙呼叫:'上层白队长机,上层白队二号呼叫,我的发动机刚刚停车了!我被击中了!'汤姆冷静地回复道:'上层白队二号,这里是上层白队长机,我过来跟着你,你知道发生了什么状况吗?'

"我知道我一定是被击中了,但这不科学啊!一发空爆榴弹在这个高度上几乎打不到任何东西。我没有看到自己的飞机上出现弹孔,也没有冒烟。我意识到发动机还在运转,但是没有任何动力输出。我检查了所有仪表,滑油温度正常,冷却液温度正常,油压正常。滑油压力看上去有点儿低,我的机翼油箱中还有足够的燃油,而刚刚油箱切换开关已经拨到机身油箱的位置。完全没有效果。增压器涡轮已经介入了,是不是这个原因?

"原因找到了!滑油压力降低并且增压器没有介入。当增压器启动时,滑油压力没有跟上,那必定是滑油管线或者增压器本身被击中了。这可不是一个好消息。没有滑油润滑,发动机可运行不了多久,如果能坚持 5 分钟,我都烧高香了。

"现在,我在须德海上空 20000 英尺高度飞行,并且高度正在下降。'史蒂文，你要是在这儿跳伞，就死定啦！'如果我足够幸运，我就会成为战俘。再者说，附近的瑞典是'中立国'，但我大老远跑到瑞典来，不是为了当战俘的！

"当然，我也可以转向飞到北海上空再跳伞，然后落入水中！紧接着我想起了简报上说的，'北海区域有大风警报，今天没有任何海空救援船只沿线巡逻！'现在担心这个已经没有任何意义了。首先要做的就是，我在无线电里呼叫汤姆·里奇，'我们回家！'随即在耳机中听到了汤姆令人安心的嗓音，'史蒂文，祝你好运，我就陪在你身边。'

"历险开始了。两架银色的'野马'，就像旧时代的骑士一样，十字军东征带伤归来，筋疲力尽地返回英格兰。我们缓慢下降高度。而我，处在无动力平稳滑翔状态，汤姆的襟翼已经放了下来，在我身边以 S 形航线飞行，保持在我两边的位置。为我的后半球区域提供掩护，防止敌机偷袭。

"汤姆在无线电里向海空救援发出告警，告知我们当前所处的困境。我的双手竭尽全力试图将我的飞机带回福尔莫。我不禁想到，这是切特的座机，我答应他要好好照顾这架飞机的。我的气压高度表的最小刻度是 10 英尺。我把调整片已经向后拉到最满并且已经死死地把操纵杆抱在怀里了，以尽可能延长飞机在海面上空滑翔的距离。我紧盯着空速和下降率，来不得一点疏忽。

"我们在北海上空，已经看到了荷兰的海岸线了。此时高度是 7000 英尺。在这个高度上，大气压已足够让发动机正常运转，让我保持飞行高度了，我希望的情景终于出现了！当我们到达海岸线时，遇到了两架海空救援队派来的 P-47 战斗机。他们护送着我返航，下降速率表的读数已经是 0 了，飞机不再下沉了。一切都变得更好了！"

别出心裁的润滑措施

"当然，我也遇到了一些问题。滑油压力现在已经为 0 了，并且滑油温度已经 40 摄氏度了。很显然，现在滑油系统出问题了！我回头看到了汤姆跟在我身后。心里一下子踏实了！他一直陪在我身边。翼下是波涛汹涌的海面。我必须想办法让发动机冷却一下了！如果我能让曲轴箱底部的滑油跑到汽缸壁上，兴许能让发动机多转会儿。

"就这么办！我开始驾机剧烈且不规则地摇摆，将曲轴箱中的滑油向上面甩。果然奏效了，滑油温度开始降下来了。汤姆满头问号地问我在干什么。'让发动机更好地润滑！'我答复道。我不停地向前方望去，寻找英国的海岸线。一会儿，汤姆在无线电里呼叫，'白色 2 号，我看到海岸了。我们马上就要到了'。这真是个好消息！

"然后担心的事情发生了，螺旋桨空转！当我试图让螺旋桨停止变距的时候，发动机突然狂躁起来。冷却液开锅了，座舱里充满了浓烟和四处喷射的滑油。发动机的声音听起来像有人用大锤在敲打它。座舱里已经热到无法忍受了。

"我看了一眼高度表，读数是 3000 英尺。而最低的跳伞高度是 250 英尺。尽管我不喜欢这样做，但是是时候跟这架飞机说再见了。我在无线电里呼叫。'就这样了，汤姆，我跳伞了'。

"然后我降下我的座椅，把护目镜拉下，戴到眼前，低下头，然后抛掉了座舱盖。我扯下氧气面罩，解开了所有座椅安全带，就在我将要拔掉耳机线的时候，我在无线电里听到了阿奇·陶瓦（Archie Tower）（505 中队长）的声音。他一定是在'燃油泵'（我们机场塔台的代号）那里全程监听着我们这里的情况。'再说一遍，上层 5 号编队 4 号机！我没听清楚！'汤姆回复道，'他说它要跳伞了！'他的声音中第一次有了关切的语气。阿奇并没有回复。无线电里一片寂静。

"我站起身来跳出座舱，机外的气流又把我压了回去。于是我将飞机翻转过来，呈倒飞状态，试图将自己从座舱中'倒出来'。我刚要离开座椅，就看到身后的无线电天线和垂直尾翼。我担心我就这样跳出去，会撞到机尾，于是我在出舱的瞬间踩了一脚操纵杆，形成推杆动作，把我甩了出去，正好躲开了垂尾。我拉开了伞绳。我的氧气面罩贴着我的脸颊飘过。我正以螺旋姿态头朝下坠向海面。突然间有什么东西猛拉了我一下，降落伞打开了！'怀特利！'（他是我们的降落伞保管员）曾经告诉过我，每个在福尔莫打包的降落伞，都一定能打开。我感到非常幸运，这个记录依然有效！

"然后发生了一件奇怪的事情。我的救生筏在空中飘了起来，在我面前来回晃悠。这个救生筏平时塞在坐垫下的包内，通过一根脐带缆连接在救生衣上。当跳伞落在水面时，跳伞肩带变得松旷并在降落伞本体距离水面上方 10 英尺时自动抛出。帆布袋顺着斜坡滑出。救生筏被类似于伞骨的弹力机构从帆布袋中拽出。你落入水中，啪的一声，救生衣还有救生筏都自动充气了，你就可以从水里爬到救生筏上，坐在上面休息，等待救援，听上去很简单，对吗？

"我亲身经历的实际情况与以上并不完全相符！我几乎在降落伞打开的同时就落到了水里，完全没有时间去松开肩带。一旦肩带被水打湿，你就无法松开那些带扣了。对我而言，非常幸运的是，当救生筏在空中从我鼻子面前飘过时，我够到了它，并拉出了二氧化碳充气阀，然后救生筏很快就充好气了。整个过程只用了几秒钟。我落水的时候，直接省略了第一步，跳到了下一步。我从浪尖上掠过，就像一块石头在湖面上打水漂一样。我的降落伞，被海面的狂风兜起来，拽着我像坐过山车一样！

"我挺起后背，试图挣脱降落伞的束缚，我就像在福尔莫的奇克斯酒吧（Chequers）里对半狂饮一品脱酒一样喝着北海的海水！我真的遇到麻烦了，马上就要溺水了。

"一架 P-51 嗡嗡作响朝我飞了过来。这是汤姆！他在做什么？他第二次从我头顶飞过时，我突然明白了。他看到我的处境后，试图用螺旋桨切开降落伞，帮我脱困。在他第二或第三次通过时，他成功了。我想他碰到了降落伞，但无论如何有效果了。我之后无法回忆起更多的细节了，我还是无法爬上救生筏，因为降落伞在把我向下拽。求生欲望让我抓住了救生筏。

"据汤姆的说法，他们看到我消失在白色的浪花里。大约过了 20分钟以后，他们才再次找到我。然后海空救援队的 P-47 飞机朝我附近丢下了发烟弹和海水染色剂，以标定我的位置。汤姆说，当他们最终找到我时，我看上去像一只抓着甜甜圈的落水的老鼠。我尝试着向他们挥手，让他们知道我还活着，但在尝试的过程中，我差点儿被淹死。

"情况正在变得越来越糟糕！水温太低了。我不停地祈祷，对上帝说：'上帝，我可全靠你保佑了啊，我已经想不出我能做别的什么了。'上帝并没有回答我，他可能同意我的看法。

"我明白汤姆一会儿就把燃料用完了。可是除此之外，他还能做什么呢？他一定和我有心灵感应，他从我头上飞过，然后摇摆机翼。他向我送上祝福并返回基地。空中的 P-47 显然剩余的油量更多，仍然在我头顶上盘旋。但是他俩又能坚持多久呢？我抬头看了看盘旋的'雷电'战机。他们的油量终于也熬不住了，也返航了。之后我就孤零零的一人在海面上漂着了。他们能做什么，他们在等待什么？

"我察觉到周围的情况变化。有声音传来，那是一架飞机发出的声音。但和普通飞机有所不同，终于看清了，那是一架'海象'飞机！是海空救援队的水上飞机！这种飞机是双翼布局，船身式浮力机体，像一个浴缸。现在它开始在我身边盘旋，寻机降落了。我突然间意识到，现在的海况，该机根本无法在水面上降落！风吹起海浪，浪高达10 英尺，降落等于送死。如果海空救援队真是如我所想的答复我无法降落实施救援，那么我就真完了。上帝，全靠你了！

"我想我要死了。我忽然注意到有飞机在水面上滑行，并且向我靠近，我赶忙向前游去，与其会合。当我随着浪花上下摇摆时，'海象'飞机上的人看到我了。上帝给了我这个祈祷者一个优异的答复。它降落在海面，并且向我靠近。飞机舱门处站着一名海军空勤人员（后来下图：P-51D-10-NA 44-14734 6N-K "我的宝贝"号战斗机是史蒂文·C.阿纳尼安少尉的固定座机。1945年2月9日，史蒂文驾驶6N-K飞行时，在高空与10架Me262喷气战斗机中的3架进行了空中格斗，并击落了其中一架，成为339大队中第一个在空战中击落喷气战斗机的飞行员。史蒂文的P-51D座机的昵称源于迪士尼电影《小飞象》，当小象的妈妈安抚小象时，会唱出"我的宝贝，不要哭泣"。（史蒂文·C.阿纳尼安供图）

得知是B.韦斯特布鲁克上校（（L/A B. Westbrook）），他的脸上洋溢着喜悦的笑容。他喊道，'美国佬，抓住这个！'然后扔过来一条绳子。我也不知道是怎么抓住这条绳子的，但是我抓到了！他把我拉向飞机并用一个钩子钩住我的衣服。一个浑身湿透的飞行员要比通常情况下重得多，降落伞还连在我的身上，并且海况恶劣，我很难登上飞机。'别着急'，他说，'有两条船就要过来了。'

"几分钟过后，我看到一条挂着联合王国国旗的拖网渔船，'乔治·阿德格尔'号（HMS George Adgell）。然后我就被船上的人拉上了'诺亚方舟'。有人递给我一杯朗姆酒，让我喝了驱寒。喝下之后，由内而外生出一阵暖意。我这才意识到周围的气温有多低。一个水手在我身上围了一条毯子，并把我搂在怀里，为我取暖，就像小时候我父亲对我那样。我感到无比温暖。

"那架'海象'是怎么再次起飞的，我记不清了。后来我得知'海象'的一个翼下浮筒在起飞过程中让海浪拍坏了，起飞失败。机组人

员被赶来救我的另一条船（RML 547 号）接走，救援船尝试拖拽'海象'飞机，可是没有成功，飞机在巨浪的拍打下，沉入海底。

"当晚我待在英国皇家空军位于泰晤士河口附近的一家医院里，转天我就回到了福尔莫的部队。再往后一天，10 月 7 日，我执飞了第二次作战任务，从拉姆罗德飞往不来梅执行任务。

"我做到了！我在战争中生存了下来。我也确信我们将会胜利！我们这样坚强的团队，怎么会输呢？

"我不记得我曾感谢过汤姆为我所做的一切。他呼叫了海空救援并且为两架前来支援的 P–47、'海象'以及两条救援船（拖网渔船乔治·阿德格尔号和机动救援船 547 号），他们最终救下了我。

"当'海象'飞机抵达现场时，我已经在水中泡了超过 1 个小时。'海象'的飞行员，英国皇家海军航空兵（FAA）海军士官 F.J. 贝德福德（F.J. Bedford）一定意识到了我坚持不了多长时间了，于是请求在海面上降落。他确信自己能幸运地在如此差的海况下降落水面，并且能带着我起飞离开，但是他这样做，是冒着很大的风险的。

"当然了，多亏了汤姆头脑灵活，驾机专业，使我免于在落海时溺水。所有的人都在专注一件事，让我活下来！我们怎么可能输掉这场战争？我非常乐观！

"总之，我几乎在海水里泡了大约 1 小时 20 分钟，不小心喝了好多海水。'野马'战斗机飞行、滑油泄漏，整个过程持续超过 45 分钟。我到现在都不相信一发高炮炮弹就不偏不倚地打中我。我会时常感激汤姆·里奇的高超的飞行技术以及快速的思考决策！贴着水面飞行，并用飞机划开降落伞，简直像要杂技一样！为什么我能够在 4 级海况下，被狂风猛吹的情况下活下来，我从来都无法解释清楚。

"总而言之，那些参加海空救援的海军空勤人员，尝试在那种海况下强行着水，并且漂亮地完成了预定动作！拖网渔船'乔治·阿德格尔'号，机动救援船 547 号上的船们，以及 P–47 战斗机上的飞行员们。上天确实眷顾着我！

"回想起来，我还没有补偿切特为了我损失掉了他的水上飞机。切特，我欠你一顿啤酒！汤姆，还有海空救援队的人们，我的命是你们给的，特向你们敬以永恒的感激。谢谢，谢谢你们所有人。

"上层 5 号编队 4 号机出列！"

那天就不该是我出发的日子——比尔·盖顿

比尔·盖顿（Bill Guyton）是 339 战斗机大队 505 战斗机中队的

一名飞行员，为我们讲述了他一次在德国上空执行任务时遇到发动机故障并化解的故事。

"1945 年 3 月 28 日，第 8 航空军轰炸机的轰炸'目标城市'是德国汉诺威。339 战斗机大队的任务是为这些轰炸机护航。我驾驶的是史蒂文·阿纳尼安的 P-51D 6N-K '我的宝贝'（Baby Mine）号战斗机，我的任务在英格兰科尔切斯特（Colchester）附近的农田里终止了，大约在起飞 70 分钟后。

"我们大队各机以双机编队的方式起飞，然后爬高穿过云层，在准备穿越北海前爬到云上，在欧洲大陆上空与轰炸机编队会合。我在跟上编队时，发现油门有些问题，保持规定的速度需要在油门杆上比往常施加更大的推力。当我爬升到北海上空时，我和往常一样，将主用油箱从机身油箱切换到外挂副油箱上。

"现在新的问题来了，我在用副油箱里的燃油时，发动机运转时断时续的。如果不用掉副油箱里的燃油，我的航程根本不可能覆盖到任务完成。此外，油门阻滞问题依然存在。我不论做什么，也扭转不了当前窘迫的局面。当我向中队长通报我遇到的麻烦时，他建议我回到福尔莫的基地处理。

"我随即调转机头并在北海上空降低高度，扔掉外挂副油箱。我可不想带着满载燃油的副油箱降落。我在云高仅 300 英尺的情况下飞进了英国海岸线。我的左手用力地推在油门杆的摩擦旋钮上，保持着足够的压力，以维持合适的动力输出。我不停地寻找熟悉的地标，以保持合适的路线飞往福尔莫，我确信基地和我的距离大约为 50 英里。

"突然间，发动机彻底停车了。我连忙切换到别的油箱上，然而无济于事。再下一步我就该跳伞了，但是看了下外面，我意识到现在飞机的高度太低了，根本无法开伞。再下一个想法，爬升，然后再跳伞。而我估计此时的飞机，最高也就能爬到 600 英尺的高度，而且我还得注意压机头，以防止飞机失速。'我的宝贝'号正平滑地穿过云顶，边向前滑翔边降低高度，我也知道我已经没有时间解开安全带、肩带、抗荷服和氧气面罩了，我瞬间束手无策。飞机安静地在云中快速降低高度，我的心里充满了恐惧，不停地祈祷。我希望在没有动力的情况下，飞机能有足够的高度做一次转弯，指向合适的迫降场地。

"当我穿出乌云时，外面正在下着雨，我看到右边有一块开阔地。开阔地的入口处有左右两排树木，右边的树更大些。开阔地上有一道约 4 英尺高的土坎将其分为左右两部分。当我开始迫降时，先切断油路，然后再抛掉座舱盖。P-51 此时下沉特别迅速，我正在向一条输电线靠近，我压平机翼躲开了电线，但是退出了转弯。我的左机翼直直撞向了左边那排树的最后一棵。于是我赶紧抬起左翼，向右压坡度，以躲开那棵树，可是我的右机翼却蹭到了土中，然后从机体上撕脱。然后我就被撞晕了。

"当我醒来，眼前尽是泥土。我看到 0.50 英寸口径机枪弹链搭在前风挡上。燃油洒了一地，幸运的是没有起火。我检查了我身体的各部分是否还完整，我除了头上有两处外伤，其余部分没事，这应该是把我甩出飞机时造成的损伤。环顾飞机周围，我看到三四个农民呆呆地在安全距离外看着我。估计他们认为我已经死掉了，或者他们害怕飞机残骸起火或者爆炸。

"我赶紧从飞机残骸里跑了出来，以防突然起火殃及我。我应该头脑空白了一阵，他们不得不穿过泥泞的土地以抵达坠机现场。一个农民评论我刚才的降落，'太粗暴了，伙计！'另外一个农民问我，谁来赔偿耕地的损失。一个警察出现了，我让他看守着坠毁的飞机，并让人们远离坠机现场。我被带到有电话的地方，打电话给基地，让他们来捞人。

"P–51 撞击地面时，由于机翼撕脱，导致机身侧翻，然后又从迫降的航向向右扭转了 90 度才停下。我想我大概从撞击点处飞出了大约 100 英尺。

"地面上没有任何滑行痕迹，只有螺旋桨在撞地时打出的一些坑。坠机后的事故勘察证明发动机是因为油门连杆的断裂才失效的。我认为这就是导致油门阻滞的原因。在与一位航空工程师朋友和其他飞行

左图：1944 年 12 月 12 日的空战中，339 大队指挥官布拉德福特·史蒂文斯（Bradford Stevens）座机的照相枪拍到了他击落一架梅塞施密特 Bf 109 战斗机的精彩画面。（339 大队档案供图）

员讨论后，他们说在如此低的高度下遭遇发动机故障，意味着如果我不加以干预，飞机会在 20 ~ 25 秒内坠地。我很幸运地在如此恶劣的天气下完成了一次成功的迫降。我猜今天我就不该去汉诺威执行任务。"

战斗中的 339 大队——布拉德福特·史蒂文斯

504 战斗机中队指挥官布拉德福特·史蒂文斯上尉（Bradford Stevens）在 1944 年 5 月的一次轰炸机护航任务中击落了两架福克 - 沃尔夫 Fw 190 战斗机。布拉德福特·史蒂文斯上尉的战报中提到：

"1944 年 5 月 30 日，我带领着一个 P-51 的 4 机编队前往奥舍斯莱本（Oschersleben）执行护航任务，接近目标区域时，有 25 架以上 Fw 190 战斗机从我编队的对向攻击我方轰炸机，当他们和我们完成对头并俯冲调整方向时，我在 5000 英尺高度咬住了一架 Fw 190 战斗机。

"我在 300 码的距离上以 30 度偏差角打了一个短点射。我看到子弹命中了敌机，但是敌机仍在直飞。我接进到 150 码，无偏差角的正 6 点方向，然后我就打了一个长点射，子弹大量命中敌机，在第 3 次开火时，敌机开始起火，大片的碎片从机体上撕脱，没有看到敌飞行员跳伞。

"调转机头后，我又发现了另外一架 Fw 190，向下追到 500 英尺高度，以 20 度的偏差角开火，在 200 码的距离上命中。我又向前追到 150 码的距离，又打了两个点射，在我打出另一个长点射时，敌机起火了，随即撞地爆炸，没有看到敌飞行员跳伞。"

在 9 月的护航任务期间，史蒂文斯上尉又打下了一架试图攻击一架掉队的 B-17 飞行堡垒轰炸机的 Bf 109 战斗机：

"在 1944 年 9 月 12 日的一次护航任务中，我看到两架 Bf 109 战斗机正在攻击一架掉队的 B-17 轰炸机。我随后攻击了第二架 Bf 109，以 30 度的偏差角在 200 码的距离上打了一个短点射。我拉起越过的第一架敌机一点点，然后看到了一些子弹命中了它。

"敌机开始用剧烈动作规避我们的射击。我停止了射击，直到 Me 109 做了一个快滚，然后我继续开火。敌机放下了 20 度的襟翼，开始转向。我在放下 20 度襟翼时，能切到 Bf 109 的内圈，继续咬住它。

"Me 109 随后大角度拉升，我抓住机会打了一个短点射，在爬升的顶点它被击中了，然后机翼一歪。我又打了一个短点射，全打在 Me 109 的座舱位置。我确信敌机的飞行员被我打死了，敌机随后陷入了尾旋，没有任何修正，坠毁在地面上。"

与 Me 109 对战——米耶尔·温克尔曼

1944 年 8 月 6 日，504 战斗机中队的米耶尔·温克尔曼（Myer Winkelman）少尉击落了一架 Bf 109。

"我在鲁特（Routt）少校的编队中飞 4 号机位置，突然有一架 Me 109 从我机头下方穿过。我们随即转头去追他，他随即做了一个"破 S"（半滚倒转）机动，并滚转着朝下俯冲。两架飞机在我旁边滚转追逐，打散了我们的编队。

"我追着 Me 109，直接俯冲下去，敌机停止了滚转并直接拉起来。当我拉起来时，差点儿冲到敌机前面。我放下了 20 度襟翼，跟在敌机身后。

"我们相遇的初始高度是 20000 英尺，我咬住敌机的时候，高度是 2000 英尺，然后我就开火了。当他在 2000 英尺高度改平时，我再次开火，他的起落架放了下来。我不得不把襟翼的角度增加到 30 度，防止再次冲到他前面。他的座舱盖飞了出去，然后他跳伞了。随后我加入了伍德少尉（Lt Wood）的编队，返回了基地。"

下图：1945 年 5 月 6 日，达斯福德 357 号场站，78 战斗机大队的 P-51 飞行员们正在个人装备整备期间穿着他们的抗荷服。这些抗荷服帮助"野马"的飞行员在战斗期间飞出大过载机动时抵抗过载的影响，减少"黑视"现象的发生。（美国国家档案馆供图）

"塔斯克基"飞行员

　　1938 年，随着战争阴云的迫近，美国政府开始了一项培训合格后备飞行员的训练计划。在当时，非裔美国人的领袖呼吁并给出强有力的理由，即使这个时代，美国军队中也实行种族隔离，黑人也应该成为保卫国家的直接力量。因此，在 1940 年通过了一项法案，禁止在征兵时出现种族歧视，允许黑人接受训练，在美国陆军航空队服役。

　　1941 年 3 月，美国陆军航空队的第一个黑人作战单位，99 驱逐机中队（PS）成立。然而，根据美国的习惯和陆军部当时的政策，这些黑人飞行员仍然处于隔离状态，而非和白人混编在一个作战单位内。

　　基础飞行训练在亚拉巴马州莫顿菲尔德（Moton Field）进行。飞行员的高级训练移师到附近的塔斯克基陆军机场进行，但是训练仍在严格的种族隔离环境下进行。第一批飞行员在 1942 年 3 月 7 日完成训练并结业。

小本杰明·O. 戴维斯（Benjamin O. Davis Jr）上尉作为指挥官带领塔斯克基飞行员作战，其领导的 99 驱逐机中队最后在 1943 年春季被派往北非参加战斗。最初他们使用的是 P-40 "战鹰"战斗机，99 中队的初战发生在 1943 年 6 月 2 日。该中队在 7 月 2 日取得首个空战战果，查理斯·B. 霍尔（Charles B. Hall）中尉击落了一架 Fw 190。

高层指责 99 中队的飞行员缺乏纪律性，但戴维斯据理力争为他们辩护，挽回了局面。99 中队继续在战斗中取得战绩，中队指挥官被送回美国组建 332 战斗机大队，将原先的 99 中队合并入一个全黑人组成的大队，下辖 100、301 和 302 战斗机中队。

尽管塔斯克基飞行员遭到持续性的质疑，但他们在空战中的英勇表现为他们赢得了尊重和荣誉，这与一些所谓的"权威人士"的预期形成了鲜明的对比。大家注意到 332 大队护航的轰炸机损失数量极低，后来很多轰炸机部队点名让 332 大队来给他们护航，看到 332 大队红色机尾的 P-51 战斗机，他们就安心。

1945 年 3 月 24 日，332 大队被授予杰出作战单位嘉奖，以表彰他们执行了单日最长的护航任务，从意大利到柏林，一路为轰炸机护航。沿途他们遭遇 25 架 Me262 喷气战斗机的攻击，他们取得击落 3 架，击伤 5 架以上的辉煌战果。塔斯克基飞行员甚至继续执行了距离达 1600 英里的护航任务，以代替先前错过与轰炸机编队集合的护航编队。

第二次世界大战期间，在执行作战飞行任务的同时，塔斯克基飞行员还为获得平等待遇做斗争。他们的努力促使美军发布了一项重要的行政命令，要求所有美军人员都要得到平等对待，从而促进了该国军队的种族隔离现象的结束。

两个著名的王牌飞行员，以及最好的朋友

357 战斗机大队的克拉伦斯·E."巴德"·安德森上校

驾驶"野马"战斗机的众多王牌飞行员中，可能最出名的就是克拉伦斯·E."巴德"·安德森（Clarence E. 'Bud' Anderson）上校了，在很多航展上都提到他的名字，并为来自多个国家的参观者讲述他在 P-51 战斗机上的作战经历。（据美国媒体报道，安德森于 2024 年 5 月安然离世，享年 102 岁，是最长寿的"野马"战斗机王牌飞行员，译者注）

对页图：1945 年 5 月 6 日，达斯福德，一名"野马"战斗机飞行员正在穿着降落伞装具。查克·耶格尔在他的书《耶格尔传记》中记载了这个穿戴装具的过程："你穿上自己的飞行服，你的两双羊毛袜子，然后穿上一双羊毛衬里的靴子。当你系上 .45 口径手枪（柯尔特 0.45 英寸口径手枪）的枪带，然后是飞行皮夹克和救生衣。你从装备包里取出降落伞包，戴上飞行皮帽和护目镜，然后站起来喝两杯咖啡，吃一片涂抹着厚厚一层花生酱和果酱的硬面包：这就是你的早餐。每个人的话都不多。在任务之前，大家都默不作声，仿佛运动员在大赛之前的状态一样。我们都知道那恶心的吃食很可能就是我们的最后一餐。"（美国国家档案馆供图）

上图：332 战斗机大队 100 战斗机中队的中队长安德鲁·S. 特纳（Andrew S. Turner）上尉坐在他的 P-51C 战斗机的座舱内。（美国空军供图）

对页图：357 战斗机大队的克拉伦斯·E. "巴德"·安德森上校。

第二次世界大战期间，从 1943 年 11 月到 1945 年 1 月，"巴德"·安德森在 357 战斗机大队驾驶 P-51 战斗机执行过两次在欧洲上空为重型轰炸机护航的任务。他执行过 115 次战斗任务，取得了 16 又 1/4 架空战战果和一架扫射摧毁战果，成为三料王牌飞行员。"巴德"成长为一名高级军官，获得的嘉奖包括两枚美国荣誉军团勋章、5 枚杰出飞行十字勋章，铜星勋章，16 枚航空奖章，法国荣誉勋章和法国十字勋章。第二次世界大战结束后，"巴德"依然在部队服役，后来的职业履历中包括美国空军早期喷气式飞机的试飞工作以及在越南战争中执行作战任务。他驾驶过超过 130 种不同型号的飞机，飞行日志上的总时数超过 7500 飞行小时。

安德森编著的书《飞行和战斗：三料王牌飞行员的回忆》（太平洋出版社，1999 年），里面的一些简短摘录，我们选择一些颇具价值的部分给大家讲述。第一篇 "巴德" 讲述在战斗中，一架 Bf 109 出现在 "巴德" 的身后，第二篇讲述他如何应对，然后双方位置调转，他抓住机会击落了对方。第三篇是在作战时驾驶 "野马" 的细节描述。

"直觉告诉我，后面有危险，于是我就朝后看，几乎就在我的正下

方！距离近到能看清那架战斗机螺旋桨整流罩转轴处突出的 20 毫米机炮炮口！在我记忆的场景中，那门机炮看上去相当巨大，就像用来打大象的！大体上我应该没记错。该机的机炮是用来对付轰炸机的，该炮射出的炮弹足足有手掌那么长，炮弹命中后会发生爆炸并且在金属蒙皮表面炸出大洞。那应该是我这辈子见到的最恐怖的东西了，从那时到现在都是。

"但是我忙着应对这个情况，根本没空去害怕。后来，也许四五十年后，你也许会在离战场 7000 英里外的家中的门廊里，后怕这件事情。但当这一切正在发生时，你都忙疯了，根本顾不上想其他的。我确实忙于摆脱这种不利的局面，几乎垂直向上爬升，我和我的飞机都悬挂在螺旋桨下面，油门都推到底了，这时'野马'能做到的只有尽可能晚地损失速度、抖动甚至失速然后掉头下坠了。我脑子里想的是，如果'野马'比 Bf 109 先一步失速，那我就完了……

"我向后看，看到敌机正在抖动，即将失速，他已经不能保持机头向上的指向了，机头那门大炮此时已不会有任何准头了。我几乎成了马上就要倒下并死掉的人，但并没有坐实这个结局。在我的飞机也开始抖动的时候，他的机头开始歪向一边，向下坠去了。他比我早失速了一两秒钟，比我先掉下去。老'野马'，你表现得太棒了！

"他正向下坠去，我艰难地调转机头向下追杀过去。我们当时的高度非常高，距地面得有 6 英里，接下来，下坠的速度非常非常的快。梅塞施密特战斗机先我一步进入俯冲，很快逃离了我的射程，但我很快就追上他了。然后他拉起改平，并向左急转，试图再次爬升，看起来他要和我打个对头。转瞬之间，我们又回到了空战的起点。

"梅塞施密特战斗机又回到了刚才的状态，艰难地向左爬升，而我已经受够了刚才那段折磨了，好在此时我的角度略占优势，所以我决定赌一把，不再像刚才那样与他并驾齐驱，而是竭尽全力从左侧切入他的内圈儿，因为我知道一旦我损失太多速度，追不上他，我恐怕就回不去了。我向后缓缓收了些油门，将襟翼放下 10 度，用尽我的全力向怀里拉操纵杆。机头开始慢慢地，慢慢地上仰了。

"好家伙！我马上就要咬住他了！我在他的内圈儿，他清晰出现在我的视野内，此时，德国飞行员也看到了这种局面，于是，梅塞施密特战斗机机动脱离，发动机开足马力，向上爬升，除此之外，他别无选择。我也开足马力跟着他爬升，眼看着双方的距离越追越近，虽然不是完全垂直爬升，但他也是几乎靠着螺旋桨的拉力在爬升了，而我就在他身后，非常明显的是，前一分钟已经让事实验证的理论，再次得到验证，他又先我一步失速并下坠了。

对页图：从 P-51D "曼尼内尔" 号上看与 P-51D "贾妮" 号松散编队飞行，机外是东英格利亚的夏季天空。(贾罗德·科特尔供图)

对页图：第二次世界大战期间"巴德·安德森有名的一张照片，他正盘腿坐在他的 P-51D "老乌鸦"号的机翼上，照片拍摄于 1945 年初的冬季，他的第二次作战部署接近尾声的时候。（C.E. "巴德"·安德森上校供图）

下图：1945 年初的冬季，这架停在萨福克郡莱斯顿机场停机坪上的 P-51D 44-14450 "老乌鸦"号是"巴德"·安德森第二次作战部署时的座机，从照片中可见，该机已经去掉早先的橄榄绿涂装，露出金属原色。该机的机身上涂有 363 战斗机中队的下属的无线电呼号 B6-S。357 战斗机大队有个昵称叫"约克斯福德男孩"（Yoxford Boys）。尽管别人对背后的原因有很多猜测，但"老乌鸦"（Old Crow）号是所有 P-51 战斗机用到的昵称中最出名的之一。据说这个名字来自食腐鸟类中最聪明的一种——乌鸦。"巴德"的夫人艾莉（Ellie）常打趣说"绝大多数飞行员都会用他们的妻子或者女朋友的名字给飞机取昵称，那么人们接下来会怎么评价你的座机呢？"但它实际上是以同名的肯塔基纯波旁威士忌来命名的。（C.E. "巴德"·安德森上校供图）

"我咬住他了，他肯定知道我咬住他了。我拉起机头，他随即出现在我的视野里，并且我在少于 300 码的距离上开火了，我的座机上的勃朗宁机枪无情地喷射出子弹。弹链上每 5 发弹左右就有一发是标记弹，其弹头尾部会拖着薄烟，用一道烟标记出弹道。标记弹的尾烟朝上直奔他冲去。子弹命中了他的翼根、座舱和发动机，迸发出明亮的火花。那架 109 颤抖得像一条刚从水里出来的猎犬，甩出大量碎片。他速度慢下来了，几乎要停下来了，仿佛静止在半空中，他的螺旋桨仅仅是被气流吹动，紧接着开始冒出浓烟了。一切都发生得太快，来不及思考每一个细节。你通过右手握杆，脚踩脚蹬来控制飞机的姿态，右手还要扣动机枪的扳机。与此同时，你的左手还要控制油门并保持飞机的配平。

"任何单螺旋桨飞机在飞行时都会产生反作用力矩。发动机的马力越大，螺旋桨把飞机向一旁拉的力量就越大。我飞过的'野马'用的是一台 12 缸的帕卡德'梅林'发动机，排量为 1649 立方英寸，是印地赛车发动机的 10 倍。飞机的动力强大到你永远无法让飞机在静止状态下马力全开，如果妄图达到这个状态，飞机的

机尾会被螺旋桨拉离地面，然后桨叶就会因为机头被顺势压低而打到地面。由于动力异常生猛，你操控飞机的时候必须持续进行微调，才能让'野马'和翼内安装的机枪保持准直。

"在驾机过程中，你必须不停调整 3 个手掌大小的手轮。当你右手不动驾驶杆时，水平飞行期间的配平就靠这 3 个配平手轮了。一个是控制尾部方向舵上的配平调整片的，该垂直调整片是左右移动的。另一个是调节机尾升降舵上的调整片的抬起和压下动作的，并且在急转弯时可以降低杆力，起到助力的作用。第 3 个就是副翼配平调整片了，用于保持机翼水平时的微调操作，你不必为此大惊小怪。在你改变速度时，你的左手放在那里要进行大量的微调操作，比如在战斗中……在左手调整的同时，你的双脚还要在方向舵脚蹬上不停地做细微调整，右手还要不断调整驾驶杆。

"最初这种场景会令人吃惊。但是在经验丰富的'老鸟'手中，这些微调动作完全都是下意识的，就像开车和转动收音机频率拨盘搜台一样。一想到你在战斗飞行时要同时进行那么多调整操作，就令人望而生畏。"

查理斯·E."查克"·耶格尔准将

"查克"·耶格尔（Charles E. 'Chuck' Yeager）最知名的身份是历史上第一个突破音障的飞行员，除此之外，他在第二次世界大战期间还是一名驾驶着 P-51 战斗机的王牌飞行员，最终战绩为 11 又 1/2 架。但对于这样一个广受赞誉的飞行员来讲，他进入飞行职业却令人非常惊讶。

1941 年，"查克"·耶格尔刚满 18 岁，一名陆军航空队的征兵人员到访他的故乡后，从小在卡车发动机旁边长大的他就成为了一名机械师。当他第一次乘坐自己维护过的飞机升空试飞时，他说："我宁可爬着穿过这个国家，也不愿回去了。"

后来，随着战场局势不断恶化，他在军营看到了一个通知，上面写着"飞行中士"计划。尽管那时他对飞行并不感兴趣，但是要提升到中士军衔并摆脱低阶军衔的额外杂役的想法驱使他去报了名。"查克"通过了选拔并成为少数能有机会学习飞行的"天选"军人之一，剩下的就是进入飞行学校成为"学员男孩"，取得飞行资质，进而得到相应的任命。尽管"查克"没有经过大多数人眼中正规的学历教育，但是他的自身条件使他成为一个优秀的战斗机飞行员——优异的视力和身体协调能力，使他很快成为一个步枪神射手。他克服了自己早先晕机的问题，后来一名飞行教官很快发现他之前有过丰富的飞行经历，于是因材施教。

1943 年 3 月，他在亚利桑那州的卢克（Luke）机场毕业，获得了飞行资质，并被提升为飞行军官。他成为班上唯一一个被选中参加战斗机飞行员训练的学员，随后被分配到驻内华达州托诺帕（Tonopah）的 357 战斗机大队，飞 P-39 "飞蛇"（Aircobra）战斗机。他在自己的自传《耶格尔》[箭书（Arrow Books），1986 年出版] 中写道：

"你驾驶着 P-39 战斗机以每小时 300 英里的速度在沙漠峡谷中穿梭，座机的机腹擦过岩砾和灌木蒿丛，你的手放在飞机的油门杆上，全神贯注地操纵着飞机。这是内华达西部沙漠上空晶莹剔透的一个早晨，速度带来的快感以及距地面仅 20 英尺的超低高度带来的刺激感让你兴奋到狂叫！一座小丘出现在你眼前，你轻轻一带杆，飞机从山顶越过，然后又向下飘降，贴着溪岸边的白杨飞过。作为一个战斗机飞行员，你感到非常幸运。"

1943 年 11 月，耶格尔前往海外部署，所属作战单位为驻莱斯顿机场的 357 大队 363 战斗机中队，在那里他和 "巴德" · 安德森成为要好的朋友。他用女友的名字格伦尼斯 · 法耶 · 迪克豪斯（Glennis Faye Dickhouse）来命名自己的 P-51 战斗机，格伦尼斯后来成为他的妻子。1944 年 3 月 5 日，他在法国上空执行第 8 次作战任务时被击落，不过在被打下去之前，他已经击落了一架敌机。跳伞之后，他逃过了敌人的搜捕，并在 3 月 30 日逃入西班牙境内，最终在 5 月 15 日返回英格兰。

当时有规定，被击落后逃脱追捕的飞行员不能再次飞越敌占区，以免再次被击落时连累到当地的抵抗组织。但是 "查克" 对此规则提出挑战，甚至直接与盟军最高司令官迪怀特 · 戴维 · 艾森豪威尔将军通话。耶格尔后来将他战后取得的成就归功于这个决定，称他走上试飞员的职业生涯，是成为王牌飞行员后水到渠成的结果。

他的飞行技巧和在战斗中的领导力使他在后来的飞行作战行动中大放异彩。"查克" 甚至成为其所在团中第一个 "单日王牌"，创造了单次作战任务击落 5 架敌机的纪录。以下是摘抄于他的自传《耶格尔》中飞行作战的部分：

"战斗的真正乐趣是在一天的行动结束以后，我们在尼森小屋中围坐在一起，把那里当成军官俱乐部，喝着苏格兰威士忌，吃着三明治，像树枝上的冠蓝鸦一样聊天，复盘我们的空中格斗过程或者咬住一架 109 并进行大偏角射击的场景。

"到现在为止，空中的所有飞机已经抛掉翼下挂载的副油箱，正在滚转并像狼群下山一样向着目标俯冲，进行大机群空战。我在 600 码的距离上开火，打掉一架 109，取得了第 3 个空战战果，拉起转弯的过程中又看到另外有敌机猫在我身后准备偷袭我。好家伙，我猛地收油门并向上做了个桶滚，飞机差点儿失速，一下子滚转到他的后下方，然后我果断蹬右舵，同时开火。我几乎贴着那家伙的机腹下方，距离少于 50 英尺，我就像撬开一罐斯帕姆（Spam）午餐肉一样'拆掉'了那架 109，拿下了第 4 个战果。

"那样的一天是一个战斗机飞行员梦寐以求的。我知道，在狂野的天空中，是我生来就要在上面进行空中格斗的地方。几乎不可能用语言去形容那种感觉：仿佛你和那架'野马'已经人机合一，在需要的油门的基础上再加一把力。你开着那架飞机，得心应手地飞出包线中最佳的性能，懂得取得胜利的飞行员有着更好的驾机感觉，并且驾驶技术能让飞机超常发挥其性能。你和飞机之间仿佛融于一体，使你能飞出超越参数极限的性能，速度低到机枪开火的后坐力都能导致飞机失速的地步。"

"查克"在部署到莱斯顿时被授以少尉军衔，在作战部署结束前升至上尉。截至 1945 年 1 月 15 日，他执行了 61 次战斗任务中的最后一个任务，之后在 2 月初返回美国本土。

战后他依然在部队中服役，在穆罗克（Muroc）陆军机场（今爱德华兹空军基地）担任试飞员，并在 NACA 高速飞行研究项目中被选为贝尔 X–1 火箭动力飞机的试飞员。1947 年 10 月 14 日，耶格尔驾驶该机突破了音障。他驾驶的那架 X–1 在机头处写上了"迷人的格兰尼斯"（Glamorous Glennis）字样，以纪念战争年代驾驶的同名的 P–51 战斗机。

"小朋友们"——保护轰炸机编队！

第二次世界大战期间，随着大量美国陆军航空队的轰炸机执行白天对德方目标的轰炸任务，为他们护航的战斗机就有了新的代号——"小朋友们"。在以下文字中，505 战斗机中队的 P–51 飞行员史蒂文·C.阿纳尼安会重点给读者讲述这类"通条"任务的危险性：

"第 8 航空军的战斗机飞行员的任务角色很简单——'保护轰炸机'！任务简报时，我们被告知在轰炸机的箱形编队之间，当天安排为其护航的是我们 339 战斗机大队的护航战斗机。我会用蜡笔在发给我们的地图上标出轰炸机的标记。

"大部分任务是由 1000 架左右的轰炸机和 500～700 架战斗机执行。当战斗机飞行员还在地面听取任务简报时，轰炸机编队已经在路上了。长官会告诉你上午与轰炸机编队会合的时间和地点。我们需在轰炸机编队飞入敌占区之前，跟他们会合。

"迷人的格兰 III"（Glamorous Glen III）号

"迷人的格兰 III"号是耶格尔在第二次世界大战期间驾驶过的 P-51D 战斗机。在他的自传《耶格尔》中，"查克"描述了他是经历过什么，差点儿没得到这架飞机的：

"在你的右边是一架 P-51D 战斗机，是该系列中的最新型号，装有 6 挺 .50 口径的机枪，比老型号的 4 挺还要多，速度要快一些，机动性更加优秀。这架飞机的发动机整流罩上写着'兔

子老爹'（Daddy Rabbit）的艺术文字。该机是查理斯·皮特斯（Charles Peters）上尉的座机，皮特斯来自新奥尔良，即将执飞他本次部署的最后一次作战任务了，'兔子老爹'是他的昵称。他同意在他执行完最后一次任务后，将他的帅气的 P-51D 转交给你。明天这架飞机就成为你的'迷人的格兰'3 号机了。你经常仔细检查'老爹'号，查看机尾的频次跟检查你自己的飞机一样，这就是为什么他同意让你接手他的飞机的原因。'我知道你，你个坏小子，'他大笑。'你对我的飞机已经垂涎已久了是吧，哈哈！''老爹'的预感是对的。

"那些轰炸机很快就要转向，中队指挥官命令我们投掉副油箱。你挂着副油箱可没法进行空中格斗。你拉出投放拉绳，但糟糕的事情发生了：你们的副油箱还有'兔子老爹'的副油箱都投掉了。他像一块石头一样掉了下去，脱离了编队。你可以肯定的是，没有东西击中他，但他却掉下去了。你随后俯冲跟上他。'我的发动机停车了，'他说。'老爹'的高度掉到 5000 英尺以下，你陪在他旁边，飞在僚机位置，紧接着敌方高炮的弹幕也扑上来了。他最后的任务就要开始了。'天哪，我在考虑逃离这个东西，'他说。'再坚持一下，'我跟他说，'我明天还要飞它呢。让我们先找出问题在哪儿。'我们从仪表板上开始检查，检查每项可能导致问题的原因，与此同时，地面向我们扑来，还有不时飞过的曳光弹。

"嘿！你检查过燃油混合比了没？转到'应急富油'档位，看看会有什么变化。他照做了，然后他的发动机突然就'复活'了！'老爹'随即加大油门，拉杆爬高，将帕卡德'梅林'发动机的马力都压榨出来，飞速脱离危险高度。'我刚才抛副油箱拉绳的时候，肯定碰到混合比控制手柄了，'他在缓过神来之后说。'笨蛋老爹！回头你把车停好，把钥匙交给我！'"（美国空军供图）

"团指挥官会让飞行员中离轰炸机编队最近的一名飞行员，检查轰炸机机身表面的标记。我们展开成'战斗队形'，即并排飞行，每两架战斗机之间保持数百英尺的距离。我们从不会飞到离轰炸机太近的地方，尤其是进入轰炸机自卫机枪的射程内，因为机枪手会对任何靠近轰炸机的东西无差别地射击！飞行员会在无线电中向指挥官汇报他看到的轰炸机的标记，然后指挥官会查看轰炸机位置的列表来判断我们是在所护航的轰炸机编队的前方或后方。

"当我们找到我们的轰炸机时，一个中队会飞到轰炸机编队上方，另外一个中队飞到编队左侧，剩下的一个中队留在编队右侧。因为我们的战斗机的航速比轰炸机快，所以我们要来回飞行，为我们的'大朋友们'提供警戒。如果高射炮火特别猛烈，我们会在轰炸机编队旁边飞行，但会远离防空炮火的射程。此时飞入编队没有任何意义，因为德国战斗机是不会冒着被己方高射炮击落的风险突入轰炸机编队进行攻击的。

"这个场面很冷血，我们只能眼睁睁地看着我们要保护的轰炸机被高炮炮弹击中，而我们却什么也做不了。当你看到轰炸机起火被严重破坏，失控陷入螺旋的时候，你会不由自主地喊出来：'快出来，跳伞啊！！'然后你就在坠落的轰炸机中寻找是否有'小黑点'（跳伞的轰

下图：P-51 "小朋友们" 在一架 B-17 "飞行堡垒" 的翼尖以外，展开成并排的战斗编队。（时间线供图）

炸机乘员）跳出来，然后是否有降落伞打开。

"每架轰炸机上共有 10 名空勤人员，所以你会数，'一、二、三……'注视并祈祷每个乘员都从里面跳出来。有时他们都能从坠落的轰炸机里跳出来，但不是所有的降落伞都打开了。这是毁灭性的，并且是令人心痛的，此时你无法做任何事情来保护他们。

"到现在我还会做噩梦，看到那些小黑点，也就是空勤人员坠向死亡的深渊。

"我们会继续为轰炸机编队护航，前往目标区域，看着他们自己撑过高射炮火的壁垒并投下炸弹。所有轰炸机无时无刻不被击中，失去控制的飞机燃烧着坠落下去。

"我们除了眼睁睁看着，其他什么都做不了。请记住，第 8 航空军在第二次世界大战中损失了 66% 的人员，这意味着每 3 个空勤人员中，就有两个永远回不来了。

"你强忍着泪水看着这些场景，就像看到你当飞行员的兄长死在你面前一样。那些损失严重的单位，甚至整个轰炸机大队都会被撤销番号。一个大队出发时有 50 架轰炸机，能飞回的不到 10 架，并且回来的这些大多也损伤严重，无法修复。

下图：1951 年 1 月 1 日，一架写有"性感萨利 II"（Sexy Sally II）字样的美国空军第 18 轰炸机联队的 F-51 战斗机在朝鲜北方工业区目标上空投掷燃烧弹。照片中可见远处另一架 F-51 正准备投掷其挂载的高爆燃烧弹。这种燃烧弹是用副油箱改造的，内部加注汽油和增稠剂的混合物，使其具备类似果冻的黏稠度。（美国国家档案馆供图）

上图：罗伯特·A."鲍勃"·胡佛（Robert A. 'Bob' Hoover）在第二次世界大战期间是一名美国陆军航空队战斗机飞行员，战后成为美国空军的试飞员，以他标志性的宽边草帽和灿烂的笑容出名。"鲍勃"在西西里服役于装备"喷火"战斗机的 52 战斗机大队时，在一次任务中被一架福克 – 沃尔夫 Fw 190 战斗机击落，他跳伞后成为战俘。后来他在有机会接触到飞机时，偷取了敌人一架 Fw 190 战斗机，然后飞到了荷兰境内。战争结束以后，他被分配到莱特机场担任试飞员职务，在那里他和"查克"·耶格尔成了很好的朋友。胡佛是耶格尔在贝尔 X–1 项目和洛克希德 P–80"流星"战斗机超音速试飞的替补飞行员。在 20 世纪 60 年代初期，"鲍勃"提出了一个想法，用来提升北美公司的品牌形象，那就是在全国各地的航展上，展示北美公司最著名的机型之一，P–51"野马"。"胡佛野马"（N2251D）在 1962 年被北美飞机公司买下，但后来该机在地面出了事故，机身内的一个氧气瓶爆炸，飞机全损。1971 年，北美 – 罗克韦尔公司从骑士公司购买了一架"野马"（N51RH），以填补第一架飞机的损失造成的空缺，稍后被命名为"奥勒·耶勒"（Ole Yeller）。胡佛驾驶这架全黄涂装的"野马"飞机在数百场航展上进行了飞行表演，直到他 1990 年退休。2007 年 9 月，在俄亥俄州哥伦布举办的"野马与传奇"主题展会上，他和"老朋友"同框，这架"老友"的垂尾上依然写着他的名字。（保罗·马什供图）

对页上图：1950 年 3 月 8 日，朝鲜金川，一辆运油卡车被美国空军的 F–51"野马"战斗机击中后，在公路上发生剧烈爆炸。（美国国家档案馆供图）

对页下图：18 战斗轰炸机联队为一名 F–51D 飞行员庆祝他完成第 100 次任务。朝鲜战争期间，一个空勤人员一次作战部署期间需要完成 100 次作战任务。（美国空军供图）

一架 P-51B "野马" 带领着这个充满历史穿越感的 4 机编队，这个空中力量展示编队中包含了美国使用过的多代作战飞机。从左往右分别为：A-10 "雷电" II 攻击机，F-86 "佩刀" 战斗机，P-38 "闪电" 战斗机和 P-51 "野马" 战斗机。这些飞机在弗吉尼亚州兰利空军基地举办的航展上进行了飞行表演。（美国空军 / 技术中士本·布洛克供图）

"奥勒·耶勒"号 1997 年被卖给约翰·巴格利（John Bagley），在爱达荷州雷克斯堡的传统飞行博物馆安家，这架著名的黄色涂装"野马"仍在频繁飞行。（道格·费舍尔供图）

2006年5月，美国空军历史传承飞行编队飞越纽约上空，P-51D "野马" "白头海雕"（Bald Eagle）号由吉姆·比斯利（Jim Beasley）驾驶，F-16 "战隼"战斗机由达克斯·科尼利尔斯少校（Maj Dax Cornelius）驾驶，F-15 "鹰"战斗机由托尼·比尔兰科文（Tony Bierenkoven）上尉驾驶，A-10 "雷电 II"由杰夫·约斯特（Jeff Yost）上尉驾驶，飞越自由女神像。（美国空军/技术中士本·布洛克供图）

"当然，对我们战斗机来说，处境也是艰难的。P–51 在冲破敌方火网时可不是一架安全的飞机。液冷发动机在密集的地面火力面前是非常脆弱的，冷却系统哪怕只被打出一个小窟窿，'野马'都会在几分钟内失去动力！发动机不能在没有冷却的条件下工作！

"我们在对地攻击作战中，摧毁一架地面上的敌机比在空战中击落一架敌机要付出 6 倍的损失。德国的机场周围布满了高射炮，但不论如何，我们还是很喜欢扫射的感觉！

"第 8 航空军损失的人数超过其他作战单位，高于海军陆战队、海军、步兵或者商船队。"

美国空军的"历史传承飞行"

美国空军"历史传承飞行"计划始于 1997 年，当时是纪念美国空军成立 50 周年。今天，这个活动由当今最先进的一线作战飞机和第二次世界大战、朝鲜战争和越南战争时代的老飞机，例如 P–51 "野马"和 F–86 "佩刀"等飞机一同密集编队飞行，该活动的任务就是安全并自豪地展示美国空军空中力量的发展，并支持空军的征兵和文物保留活动。一些经过特殊选拔的民间老飞机飞行员驾驶着历史名机，与美国空军现役同用途战机一同编队飞行。"历史传承飞行"已成为各届航展上大受欢迎的表演项目，并成为当今靓丽的宣传名片。

对页图：2007 年，在亚利桑那州戴维斯－蒙森空军基地举办的古董飞机聚会上，经过多天的忙碌，6 架 P–51 "野马"和一架 P–47 "雷电"在停机坪上一字排开停放。这个大会为空军作战司令部表演队的飞行员们提供了一次现代作战飞机与古董军机一起合练的机会，为即将开始的航展季和"历史传承飞行"活动做准备。[美国空军／上士蕾妮·麦克尼尔（Lanie McNeal）供图]

1954 年夏季，在马萨诸塞州奥的斯（Otis）空中国民警卫队基地的停机坪上，马里兰州空中国民警卫队 104 战斗轰炸机中队的机械师整备一架分配给他们的 F-51 "野马" 战斗机。马里兰州空中国民警卫队从 1951 年到 1955 年使用 F-51 战斗机。（美国空军供图）

"在机翼上面探身在座舱中察看的是韦伯（Webber）中士，他是你的机工长。你问他是不是有什么故障，但那里从来没有出过问题。"

——查理斯·E. "查克"·耶格尔准将

6 工程师看"野马"

很少有飞行员不认同这个说法，即没有机务人员专注的工作和熟练的技术，他们将无法开展工作。机务人员经常在各种条件下长时间工作，他们的骄傲就是确保战斗机飞行员的"武器"能随时做好准备，按时参加下一次奔赴敌占区的任务，保持良好的技术状态，并且将飞行员们安全带回家。

一般维护

"野马"飞机的维护相对简单。发动机罩的各片盖板全部由左氏锁扣固定在框架上，可以快速拆卸并易于接触到维护机件。座舱盖可以通过应急释放拉手轻易地取下，然后就可以很方便地接触到座舱盖下面的区域了。

维护"梅林"发动机不可避免地要进行滑油泄除操作，滑油箱中有 12 加仑滑油，如果你从滑油冷却器那里旋开泄油口，能泄出更多的

下图：拆下摇臂护盖后，就可以检查凸轮轴架的机械结构以及调整气门顶杆了。（克里斯·阿布里供图）

滑油。滑油从发动机舱底部右侧边上的一个旋塞中泄出来。汽化器进气涵道的一部分被移除后，机务人员才能接触到发动机中的两个滑油过滤器滤网；检查这些滤网可以发现发动机内部存在任何故障迹象的最外在特征。

　　检查凸轮轴架机械结构和调整气门顶杆时，需要拆下摇臂护盖，在此之前，还要拆下发动机进气喉管。汽缸头上的全部24颗火花塞也需要拆下来进行清洗和测试，进行这项工作需要一整天的时间。由于进气火花塞位于进气歧管下方，因此拆下它们是非常困难的。

　　检查磁电机接触式断路器以及给冷却系统补足冷却液都是必要的。燃油过滤器需要检查是否存在脏污以及水汽侵入。检查各轮舱十分重要，因为"野马"战斗机上相当多的液压管线都布置在这里。近距离观察轮胎是否存在漏气和磨损的迹象是非常必要的，因为起落架收入机翼时，机轮的转速高达1000rpm（每分钟1000转），如果此时发生爆胎，碎片就会像子弹一样四处迸溅。

上图：凸轮轴机械结构的细节特写。（克里斯·阿布里供图）

P-51飞机表面有大量通过左氏锁扣（Dzus）固定的易拆快卸维护面板，大大方便了机务人员的维护。照片中所见的是2010年6月"古老飞行器公司"运行维护的P-51D 413704 B7-H"凶猛的弗兰基"（Ferocious Frankie）号古董飞机在达斯福德进行日常维护的场景。（贾罗德·科特尔供图）

上图：顶杆调整完毕。（克里斯·阿布里供图）

如果要在地面测试起落架的收放功能，就必须先把飞机架起来，机翼和机尾均有承重支撑点，用千斤顶撑住支撑点，将飞机顶起，直到三个机轮均离开地面时，就可以了。起落架收放操作必须用合适的液压设备来驱动，检查是用来保证各机构按照动作顺序平滑操作，主起落架舱门是在起落架收起时，起到减少机体表面气动阻力并整流的作用，因此，主起落架舱门的安装情况也要检查。还要检查起落架是否能靠重力放下，这在液压系统故障时，是唯一一种能让起落架放下的方法了。飞机还处在被架起来的状态时，可以将主轮拆下，维护／调整轴承和刹车组件。在把飞机放回地面上之前，需要做一项重要的检查，查看并确认所有锁止销钉都插接到位，起落架收放手柄拨到"放下"位置。

对"狗窝"区域（机腹突出的散热器区域，译者注）进行检查也是必不可少的，这个区域里面布置了很多系统，包括散热器和副翼及襟翼控制系统的作动连杆。继续向后，机尾舱段和尾轮总成、升降舵

作动连杆等机械结构都需要检查。带有左氏锁扣的检查口盖可以快速打开，为检修创造了很多便利。

上图：给发动机加注冷却液。（克里斯·阿布里供图）

　　所有的控制面都是由波顿拉线通过滑轮和导缆钩连接操控的，所以必须贴近仔细检查所有钢缆拉线。尤其要注意钢缆是否围绕着滑轮运动，一旦钢缆被拉变形或者有磨损，就得及时更换。

　　为了便于机械润滑，飞机表面遍布滑油加注口。其中最难以接触到的就是飞行员方向舵脚蹬上的 6 个注油点。实际上，这个区域在脚蹬踏板朝向机头一侧，是飞机上最难碰到的点位。所有的推杆末端和控制面铰链都需要少量的润滑。

军械员

　　下面是根据诺曼底登陆时期密集行动期间 P–51 战斗机军械员执行弹药保障任务经历整理出来的两则故事。

对页图：拆掉螺旋桨整流罩的后半部分，可见螺旋桨底座背板和恒速调节装置后方的铠装环。（克里斯·阿布里供图）

下图：螺旋桨机构总成特写，拿掉螺旋桨整流罩的前半部分，可见螺旋桨桨叶与桨毂连接的细节，还有桨叶前方的桨毂，内含恒速调节装置。该装置由油压提供作动，并根据预设的发动机功率改变螺旋桨桨片的角度，达到变距的效果，可确保螺旋桨桨距处在效率最佳的角度。（克里斯·阿布里供图）

弗雷德·考克斯，339 战斗机大队军械员

P-51D 型配有 6 挺 .50 口径机枪，由 6 条弹链分别为每挺机枪供弹，总的弹药基数为 1880 发。每次任务前，子弹通过电动连接设备两两链接在一起组成这些弹链。

"大约在 1944 年 6 月 5 日子夜，我的上级到我的营房把我叫醒，说有电话找我。我到了值班室，里面有一个电话机，电话的另一头是一个上尉。他在电话里做了自我介绍，然后问我库房里有多少发已经连成弹链的子弹。我回答道，'长官，我不清楚，但是我知道弹药储量至少随时都满足行动要求的数量'。

"他接下来说，'那不够，所以你应该立刻开始装弹链'。我赶紧到克莱德·沃森（Clyde Watson）的房间叫醒他，并跟他商讨刚才电话里的那些话的对策。他同意派常规装配组的人员去组装弹链，并开始叫人立刻准备更多的子弹。我当然不能指望我们的常规装备组的人员去搬运弹链。所以我被通知编制一张包含所有军械人员的轮值表，包括我们 4 名军官在内。

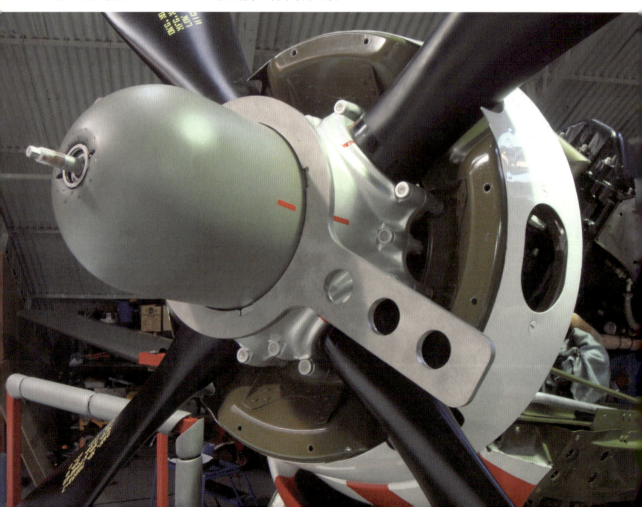

对页图：飞机必须用千斤顶支撑住机翼和机尾的支撑点，把飞机架起来，才能在地面上进行起落架收放测试。（克里斯·阿布里供图）

下图：朝鲜战争期间，机务人员不知疲倦地加班工作，尽量减少 F-51 战斗机的维护占用时间，很多"野马"的机体飞行时数都很高了，并且发动机也不是最佳状态。在战争初期，一些机场的航材和维修装备都非常初级，但随着战争推进，配套设施的补给也跟上了，飞机的维护设施和运行环境大大改善。基地在镇海（Chinhae）的 18 战斗轰炸机联队就比较幸运了，有能遮风挡雨的机库，为飞机大修和深度维护提供了有利条件，不过相对简单的例行维护还是在室外进行的。然而，当机库里"机满为患"的时候，一些"野马"就得转移到外面来继续进行复杂的拆修了，就像照片中的这架 12 战斗轰炸机中队的 F-51D 一样。（时间线供图）

"我们有一台电动连接机。我们所有人都在装配弹链。弹链上的弹药排列规则很简单：9 发穿甲弹之后是一发标记弹，9-1-9-1 这样的排列顺序装弹。我记得我们是 01:00 开始装配 .50 口径机枪弹弹链的。

"我接下来想的是万一连弹机出现故障了，我们怎么办。我的长官，杰克·希尔德（Jack Hild）上尉开始打电话联系仓库，试着找出一台备用机器。打了许多电话后，他终于在苏格兰的仓管库里找到一台。如果我们要拿到它，就得去苏格兰把机器运回来。

"于是沃森中士就受命去运机器了。他借了一辆吉普车就出发了。他连续开了 36 小时车，中间没有正儿八经休息过，也没有好好吃饭睡觉，经过千辛万苦，回来的时候，带来了一台新机器用于备份。正如最初预计的，之前的机器 24 小时不停，连续运转了 10 天，终于坏掉了。但是我们现在可以带着从容的微笑，把新机器顶上。我也记不清这种状况持续了多少天，但不久沃森中士和他的团队成员就恢复了正常工作节奏。"

飞机美国陆军航空队 15 航空军 332
战斗机大队的机工长，威廉·阿库
（William Accoo）上士，正在用肥
皂水清洁飞行员战友的 P-51 "野
马"战斗机，稍后给飞机整体打蜡，
使飞机表面更加光滑，减少空气阻
力，提高飞行速度。（美国空军供图）

左图：1945 年 3 月，在意大利拉米特里（Ramitelli），332 战斗机大队的塔斯克基飞行员爱德华·C. 格里德（Edward C. Gleed）和两名机务人员正在调整 P-51D "克里莫的梦想"（Creamer's Dream）号战斗机翼下挂载的 75 加仑副油箱。（美国空军供图）

下图：在印度库尔米托拉（Kurmitola），一架 14 航空军的 P-51A 在两次任务间隙进行最低限度的维护。（美国空军供图）

上图：第 1 空中突击队的一架 P-51A 战斗机正在炎热的缅甸进行发动机维护工作。（美国空军供图）

上两图与对页下图：这架驻达斯福德的 78 战斗机大队的"野马"战斗机，在机务人员维护完发动机后，发动机罩盖板被重新装回去，然后启动发动机进行试车。一名机务人员灵机一动，爬上机头，在发动机运转的时候用手去感知每根排气管，查看一下哪根排气管对应的汽缸没有正常工作，就算是这样做不会有危险，但也不推荐照片上的方法，太容易出事故了！这些照片由科蒂斯·R. 谢菲尔德（Curtis R. Shepherd）提供，他的父亲是雷蒙德·谢菲尔德中士（T/Sgt Raymond Shepherd），82 战斗机中队的机场机务组长。

罗纳德·埃德克·米勒，505 战斗机中队军械员

"我对 D 日那天的情景记忆犹新。作为一个军械员，当时被要求 72 小时连续工作。在登陆作战的前 3 天，我们都没合过眼，甚至我们的 3 餐都直接被送到工作现场，以节省去食堂吃饭的时间。这些飞机看上去任务时间只有 20 至 40 分钟（仅跨过北海）便返回了，并且需要快速补充燃料、外挂武器和枪炮弹药。

"对我们来说，最严重的机械维修上的问题就是'是否有足够的备用枪管来替换那些因飞行员持续长时间开火而变形的枪管？'飞行员会'狠命扣住扳机'，并通过标记弹来确定他们打中了什么。他们会通过这种长时间的扫射来取代短点射。尽管我们警告过飞行员，长时间的连续开火会影响投射火力的精度，并导致枪管提前报废，如果在枪械故障时碰到敌方目标，那么你有多大力气也都使不出来了。一旦杀红眼了，那种刺激和风险就会让人失去理智，哪怕是年轻且机灵的飞行员也不例外。

"我能记住的另一件事是，在那 72 小时的登陆作战中，前方传来的关于作战进程和效果的战报非常少且可信性低。队伍中充满着怀疑，严重影响士气，不知道我们极端的努力是否起到了应有的作用。"

雷诺飞行赛中的竞速机

斯科特·杰曼（Scott Germain）讲述了工程师们如何进行改装，将战时的 P-51 战斗机改造为今天在外观上有巨大变化的极限竞速版"野马"飞机，并将活塞动力飞机的速度极限超越 500 英里 / 小时。

P-51 "野马" 战斗机巨大的生产数量为其保有量提供了坚实的保证。这种北美公司生产的著名战斗机从来不缺乏溢美之词，但是，有个小秘密……存量的 P-51 相比于专业的运动飞机，笨重得像头猪。平心而论，这些飞机要背负着装甲板、炸弹挂架、天线、螺丝头，无线电和机枪。外挂的副油箱、炸弹和火箭弹进一步增加了阻力，降低了战机的速度，但这些配置让战斗机能很好地完成手头的工作，为取得第二次世界大战的胜利作出贡献。

今天的竞速机改进的方向只是让飞机飞得更快……飞得越快越好。这些改造的花费极其高昂。而且，竞速机为了追求性能，只能舍弃可靠性，而且难于操纵，它们改造和使用的成本都非常高，而且操作非常复杂。

为了了解这种对比，我们特意抓了一份 P-51 飞行员的笔记过来

参考。翻到巡航期间性能表现一页，可见一架干净构型的"野马"飞机的标称速度超过 400 英里 / 小时。但是仔细看一下……那得是在 30000 英尺以上的高空才能达到这个速度！"梅林"发动机拥有双级双速增压器，切换到高增压模式时，向汽缸鼓入足够的空气，以产生更高的动力。干净而光滑的机身在高空中阻力很小，达到标称的高速自然没有太大的问题。

现在，将那种老飞机降落到雷诺的斯泰德机场，在那里参加雷诺全国飞行竞速锦标赛。锦标赛的比赛高度是 5000 英尺［平均海平面高度（MSL）］，可以看下"野马"能在那儿做些什么。在 61 英寸的歧管压力及 3100rpm（每分钟 3100 转）的转速下，飞机的速度很难突破 350 英里 / 小时。这已经很快了，但是没到 500 英里 / 小时。改装一架飞机，使其从原有的 350 英里 / 小时的极速，跨越鸿沟，极速达到 500 英里 / 小时，需要有合适的人、恰当的改装、大量的金钱以及爆棚的运气才能实现。当一切计划都完成，出现在人们眼前的"野马"竞速机，也只能从大概的外形上看出是战时"小马"的亲戚了，快改到"马妈妈"都认不出来了！

早期的"野马"改装竞速机不像现在的明星机那样精致。整机的铝蒙皮都经过抛光，"野马"竞速机看上去只像一个半成品，飞机上的歧管压力限制器像"扫帚把"一样露在外面。确实，一根"扫帚把"切开后形成单独回路，可以让歧管压力更高，输出更高的动力。螺旋桨调速器经过调整，获得更高的转速。现在"梅林"发动机可以开始呼吸，为飞机提供动力啦。当歧管压力升至 75 或 80 英寸时，发动机达到了热力极限，感应温度高于 90 摄氏度时，容易引发爆炸。注水系统降低了冷却液温度，可以让"梅林"发动机在轻微超负荷的条件下安全运行。

了解"野马"竞速机

"野马"竞速机比当年参加第二次世界大战的"表兄"们要轻巧很多。整机的空重更小，并且由于没有高空飞行的需求，竞速机所需要的机翼面积也要比同源的古董飞机小很多。截短机翼可以减小翼面积、翼展以及重量，并且能降低正面的阻力。截短机翼是通过拧掉最外侧翼段的螺栓，从工艺分离面处拆除最外侧翼段，然后从外侧切掉一部分副翼，与剩余的机翼取齐。下面就是手工制作金属材质或者玻璃纤维材质的翼尖整流体，安装在之前的截短位置。有些翼尖设计得很巧

下图：1952 年，在朝鲜半岛战争期间，F-51D 在起飞线一字排开，离镜头最近的这架战斗机正在加油，准备执行下一次对地攻击任务。（美国空军供图）

妙并且降低了很多阻力，而有些翼尖，只是看起来显得飞机速度快而已。

"野马"突出的机腹散热器是降低阻力改进的着眼点之一。制作一个更小的散热器进气口，较小的迎风面积可明显降低阻力，吸入的空气少了，冷却的阻力也跟着降低了。进入机体的空气现在仅仅是将水从喷雾杆带到冷却液／滑油散热器或热交换器表面的载体。喷雾杆喷水蒸发的冷却效果足以补偿冷却空气流量的降低带来的冷却性能衰减，并且还有余量。这意味着竞速机可以在散热器调节门完全关闭的情况下让发动机大功率运行，并且可以保持相对稳定的温度。

一些"野马"竞速机也会将散热器或热交换器安装在机身内更高的位置上。有些改装工程师还制造了更浅的散热器勺型调节板以及更小的"狗屋"形机身散热器，替换原有机身分段后，使机身的外形变得更加光滑，机身的体积也变得更小，散热阻力也大大降低。散热器的进气口和膨胀集气室将空气引导到热交换器处，这种散热方式的改进，改善了速度和压力值。压力通风系统内部非常光滑，可以将冷却效率利用到极致。目前的竞速机加长了散热调节门，以控制"狗屋"散热器舱段的出口的低压区，另外一项降低阻力的改进措施，据称能让飞机的速度提升 11 英里／小时。

下图：1945 年 9 月，弗吉尼亚州汉普顿市兰利航空实验室中，一架 P-51"野马"战斗机被固定在一个全尺寸风洞中进行机翼气流分析研究。1950 年，一架"野马"飞机从兰利转移到位于加利福尼亚州爱德华兹空军基地国家航空咨询委员会（NACA）高速飞行研究中心（HSFRS，今 NASA 代顿飞行研究中心）。NACA 是国家航空航天局（NASA）的前身。兰利航空实验室后来成为 NASA 的兰利研究中心。一架 F-51 飞机在高速飞行研究中心作为专业测试飞机使用。记录显示，该机还被用作伴飞和支援飞机，共计 395 次。美国宇航员尼尔·阿姆斯特朗是使用"野马"飞机作为驾驶 X 系列试验机的伴飞（提供安全支持）飞机的飞行员之一。"野马"在 1959 年退役。（国家航空航天局供图）

黄昏时分，一架 P-51D 正在进行发动机地面试车，注意排气管中的火光。（道格·费舍尔供图）

P-51D"曼尼内尔"号拆下所有的发动机罩盖板后，机上的帕卡德 V-1650-7"梅林"发动机和附属设备，例如滑油箱和冷却液箱，就完整地展示出来了。（克里斯·阿布里供图）

尾翼相对原机，也经过了大幅改造。当年参战的"野马"要在航程、外挂、重心以及机动性上进行平衡和取舍。而竞速机只看重一点，就是速度，其他方面的性能通通忽略。围绕着这个目标，水平尾翼修改外形，在要求的竞赛速度下，提供刚好的向下配平的负升力。这样改装的效果就是，竞速机飞到设计速度时，所需的配平均为零。这么一来，飞机的重心也随之大幅后移了，但仍在"野马"的重心限制范围内，而重心靠后的飞机能飞得更快些。

垂直尾翼的改造也是沿着同一个思路进行的，原始的"野马"垂尾有个补偿偏角，可以在大马力爬升时减轻飞行员蹬舵修正机头的负担。在竞速机上，带有安装角的垂尾除了带来阻力以及糟糕的空气动力学性能之外，没有任何意义。垂直尾翼的安装角度归至接近零，以便在高速的时候保持中立。

同类中的佼佼者

由 P-51 改装的竞速机"珍妮"（Jeannie）号在 20 世纪 70 年代后期参加了五年竞速飞行赛，取得了骄人战绩，于是乎，"珍妮"就

下图：机务人员为了帮助他们的飞行员尽快升空，扮演了多种角色，包括像照片里这样用车将飞行员和随身物品载到起飞线上。（时间线供图）

成了 P-51 改装竞赛机的"标准样板"，后来就诞生了数架"克隆"版的竞速机，很多地方与之高度相似，但其他细节各有千秋。随着时间推移，这些竞速机会不断地演变和改进，最终超越他们曾经创造过的纪录。

第一架按此标准改装的竞速机是弗兰克·泰勒的"达戈红酒"号，这架"野马"深度改装机首次亮相即赢得了 1982 年的雷诺竞速赛。那时候，一架能稳定飞到 430 英里 / 小时的竞速机，就可以稳稳称霸赛场了！虽然竞赛不会让"达戈"改装到那个速度，但其最高速度刚刚超过 400 英里 / 小时便取得了比赛的金牌。

1983 年，比尔·"泰格"·德斯提法尼（Bill 'Tiger' Destefani）带着他的"施特雷加酒"（Strega）号竞速机来参赛，该机是第二架参照"珍妮"号改装出来的竞速机。不过还是有些许差别，即使是和"达戈红酒"号相比较。"泰格"是泰勒在"达戈红"飞机改造工程中的合伙人，但他卖掉了自己手里的股份，在 1983 年春夏之交，改造出了"施特雷加酒"号。"达戈红酒"和"施特雷加酒"号在改造思路、子系统还有发动机方面是相似的，但是存在一些不同之处。

"达戈"和"施特雷加"之间最大的不同之处就是座舱盖，"达戈"号的座舱盖是向上翻起打开的，只能在地面静止时打开或者在飞行过程中弹射抛弃。"施特雷加"号的座舱盖是滑动打开的，可以在地面、飞行期间打开，必要时也可以弹射抛弃。总的来看，两架飞机都采用了相同的翼尖、几乎相同的尾翼设定、操纵钢缆、散热器外罩的样式，以及机内竞速机应用的子系统。麦克·尼克松（Mike Nixon）为两架竞速机改造出高转速版本的"梅林"发动机。

"施特雷加"号是第一架换装配备迪怀特·索恩（Dwight Thorn）高功率"艾利逊"连杆的竞速版"梅林"发动机的竞速机。"达戈"号换发要晚得多，拖到 1988 年才更换完毕，此时该机已经是戴维·普莱斯（David Price）的个人收藏了。从那以后，两架飞机在雷诺飞行大赛上均赢得了很多奖项。

这个转变标志着雷诺竞速比赛时代的结束。直到 1986 年，"野马"竞速机靠着竞速版"梅林"发动机 110 英寸增压（在寒冷天气）和高达 3800rpm（每分钟 3800 转）的转速下赢得比赛。他们使用的是 –7 增压驱动组件，发动机功率损失较小。竞速发动机使用了 –500 和 –600 型"梅林"发动机的壳体、顶盖和汽缸组，这些组件有着更好的冶金性能和更大的冷却液流量。这个型号的发动机保持着低制动平均有效压力（BMEP）并在高转速时爆发出强劲的动力。

"达戈红酒"（Dago Red）号竞速机是用一架"野马"飞机进行大幅改造得来的，经过 20 余年的不断改进和改造，该机的最高速度达到了 507 英里 / 小时。照片中驾驶这架飞机的飞行员是丹·马丁（Dan Martin），他从前任主人泰利·布兰德（Terry Bland）那里将"达戈"租了过来。从那以后，原主人弗兰克·泰勒（Frank Taylor）再次拥有了这架飞机。（斯科特·杰曼供图）

下图："达戈红酒"（Dago Red）号竞速机的座舱，和第二次世界大战时期的 P-51 战斗机仅有一丝相似了。竞速要用到的仪表布置在仪表板最上方，竞速相关的开关布置在仪表板左上角的红色区域内。这张照片拍摄于 2003 年，仪表板的布置相当随意，但没有飞行员史基普·霍姆（Skip Holm）搞不定的事情。注意歧管压力表和转速表上特定读数区间的环带提示标记。这使得这架用 60 年高龄的战斗机改装而来的最高时速超过 500 英里的竞速机在距地面 50 英尺的超低空，多机竞速，穿越湍流高速飞行时，更容易调节动力参数。听上去是不是充满了乐趣？（斯科特·杰曼供图）

当发动机工程师迪怀特·索恩加入"施特雷加"号改装团队时，重新回到了航空竞速这个圈子，他的换用"艾利逊"连杆的竞速版"梅林"发动机理论上可以在 150 英寸增压的条件下达到 3400rpm（每分钟 3400 转）的转速——但这是极限工况，发动机用不了多长时间就会爆缸！更稳妥的竞赛工况是 105 英寸增压，3400rpm（每分钟 3400 转）转速，额定功率可达到 3200 马力左右。增压继续提高，转速再增加 50rpm（每分钟 50 转），功率将提升到 3600 马力，但是发动机的寿命会大大缩短。这些发动机也用到了战后生产的发动机上面的壳体、顶盖和汽缸组，以及 -9 型的增压器组件。这些组件让发动机损失的功率高达 1000 马力，但高增压将这些功率损失弥补了回来。原有的汉密尔顿 – 标准螺旋桨翻边桨叶依然可以沿用，但是 0.420 的减速齿轮箱可以让螺旋桨的转速保持在更高效的区间内。

索恩的其他改进包括额外增加油泵和风阻托盘，强化的发动机和机鼻壳体，换用不同的活塞、不同的轴承设置以及特殊磨削的凸轮。数以千计的改进完成了，其中不乏秘不外传的"独门绝技"。索恩能取得改装工程的成功，与其深厚的背景和理论基础是分不开的。他首先是一名飞机机械师。他将发动机和机体视为一个有机整体，统一进行维护。他还坚持跟踪记录发动机的参数趋势和重要统计数据——这些

数据会对即将出现的问题发出预警或指出发动机下一处故障点位。

索恩在 1986 年加入了"施特雷加"改装团队，但花了很长时间在改进他的"老鼠发动机"上。这个诨号是相对其他雷诺竞速赛参赛飞机上安装的巨大的 R–4360 和 R–3350 星形风冷活塞发动机来讲的。"梅林"发动机在雷诺竞速赛中算是小号的发动机了，但是它的嗓门可不小。随着索恩对这种发动机研究得愈加深入，他用了 16 年的时间对其进行持续改进，终于改造出一鸣惊人的"老鼠发动机"。经他操刀的发动机装到了"施特雷加"号和"达戈"号上，"施特雷加"赢得了 6 次比赛胜利，"达戈"号赢了 5 次。"达戈"号仍保持着 507 英里 / 小时的赛事纪录，该纪录就是安装索恩改装的"梅林"发动机创造的——这对参赛队伍和改装工程团队来讲，都是一个傲人的成就。自从索恩的"老鼠发动机"在赛场上出现以来，其他更早期的高转速竞赛用"梅林"发动机就再也没在雷诺竞速赛中赢过。

索恩在 2008 年 11 月病逝，是圈子内的一个重大损失。好在其他发动机改造者，例如麦克·巴罗（Mike Barrow）、里克·尚霍尔茨（Rick Shanholtzer）以及迈克·尼克松（Mike Nixon）挑起了大梁。配装"艾利逊"连杆的"梅林"竞速发动机成为主力，装有这种发动机的 P–51 竞速机成为赛场上最难对付的对手。

下图："达戈红酒"号和原版"野马"飞机从外表上的最明显差别之一就是座舱盖了。（斯科特·杰曼供图）

ROLLS - ROYCE

"野马"竞速机的发动机罩里面是一台已
经被改造到完全"非标"的"梅林"发动
机了。照片中最显眼的就是那根从发动机
里面伸出来的红色的粗管子，这也让这台
发动机获得一个诨名"管道发动机"。与
原机的内部冷却器不同，竞速机的发动机
仅用一根管子从增压器伸出来，直接连到
发动机进气口。由于没有后冷却器，进
气冷却就简单通过向增压器注入防爆剂
（ADI）来实现。（斯科特·杰曼供图）

经过 20 年以上的改进，无数次的试验，无数次试错以及
"泰格"、比尔·科申福特、迪怀特·索恩等工程人员和迈
克·威尔顿、史蒂夫·巴索夫及其他机组人员的大量建议
和灵感，才有了"施特雷加酒"号实实在在的 500 英里 /
小时的最高速度。今天，"泰格"仍奋战在一线，迈克·尼
克松则负责"艾利逊"连杆的竞速发动机的维护和调试，
史蒂夫·辛顿担任飞行员，L.D. 休斯担任竞速机的机务负
责人。"施特雷加酒"号将在未来几年继续活跃在无极限飞
行竞速赛的赛场上。"施特雷加"以 491 英里 / 小时的速度
拿下了 2009 年的金牌，这还是在降低动力输出的设定下
取得的成绩！ 年仅 21 岁的史蒂夫·辛顿是参赛的飞行员，
并且在金牌争夺战中以 512 英里 / 小时的高速稳定飞行了
多圈。（斯科特·杰曼供图）

"贵重金属"号换装了"秃鹰"（Griffon）发动机和对转螺旋桨，从外表上看，已经和原版 P-51 飞机相去甚远了。该机仅飞出过 450 英里/小时的最高速度，远不如沿用"梅林"发动机的"超级野马"。照片中这架竞速机由其收藏者罗恩·布卡雷利（Ron Buccarelli）亲自驾驶，该机也改装了竞速风味浓郁的截短的平直翼，垂尾换成了 P-51H 型的高垂尾，机腹的散热器也进行了修形。座舱向后移动了少许，以保持飞机的重心不产生大的变化。照片中清晰地展示了"贵重金属"号的对转螺旋桨，后移的座舱，尖削减阻造型的座舱盖。不走运的是，"秃鹰"发动机没有成功改装并调教成像"梅林"那样的竞速用航空发动机。今天，这种改装方案已经不太可能拿下雷诺赛的名次，但它确实为竞速比赛增加了很多个性化的色彩。（斯科特·杰曼供图）

"施特雷加"在停机坪上过夜，留下了这张超级带感的照片。注意多年来团队成员在这架飞机上做出改进的细节变化。飞机的表面像玻璃一样光滑，尤其是发动机整流罩，非常紧致和精密。1000 个以上的细微变化，有些改进动的手术还很大，使一架在低空最高速度只有 375 英里 / 小时的原版"野马"变成了极速突破 500 英里 / 小时的"施特雷加"竞速机。（斯科特·杰曼供图）

注重细节

无限制级飞行竞速赛的速度从早期的 360 英里 / 小时左右，提高到当今的 500 英里 / 小时以上。像"达戈红酒"和"施特雷加酒"这样的竞速机经过持续的改进，在竞赛中屹立不败 20 年，并不断刷新着速度纪录的上限。为了让竞速机的最高速度能突破 450 英里 / 小时，投入的人力物力资源，以及改进项目，列成清单的话，会非常长。极速突破 480 英里 / 小时的过程相当于开辟一条新的赛道了，而冲击 500 英里 / 小时的速度目标，难度就相当于在研究生院做一名教授了，当然，运气也是其中重要的因素之一。

500 英里 / 小时级别的竞速机看上去和早期"野马"竞速机没有大的区别，只是各方面都改进到了极致。飞机上已经没有和战争年代的原版 P-51 相同的部件了。油箱和水箱换了，电气系统也不一样了，竞

下图：请注意！如果不计后果地将活塞式发动机性能榨取到突破极限，一旦有不当操作，就会造成难以想象的灾难性后果！（斯科特·杰曼供图）

速需要增加的系统就更不用说了。对细节的关注是把极速再提高每小时几英里的关键。改造和驾驶这些飞机的人都认同这个观点，过去 10 到 15 年来的许多微小的空气动力学改进产生的累积效应，是飞机极速不断取得突破的动力。

空气动力学特性看上去很简单，就是让飞机变得光滑。去掉尾翼的补偿安装角，在突出部位装上整流罩，并且注意降低散热器带来的阻力。但这只是高中的水平。进入"达戈红酒"号的座舱，我们能看到更深层次的东西。小片的铝带覆盖住孔洞和缝隙。起落架舱和机身内部的缝隙也用膨胀泡沫填充了。这样处理的目的是防止气流蹿进机身内，产生额外的气动阻力，提高了竞速机的整体气动效率。具体说哪项措施为飞机提高极速做出了贡献，这个非常难讲，但这里任意一项都推动着飞机突破 500 英里的时速上限。与今天工艺精湛的竞速机相比，早期雷诺大赛的获奖飞机，机翼表面用"粗糙"二字都难以形容。随着冠军机的速度不断提高，参赛队伍试图进一步改进飞机，以突破性能极限。随着这种实践的深入，早期的尝试仅仅是简单地将机翼上的缝隙填上，并打磨平整。虽然有所改善，但对细节的关注还没有达到制造一副完美的层流翼的地步。

今天的高端竞速机上面，沿着翼展方向，在机翼上每隔 6 或 12 英寸放置一个翼型模板，以得出一个完美的翼型轮廓，在绝大部分机翼表面产生层流。这显然降了阻力，并将最高速度提高了 15 英里／小时，尽管这个结论富有争议。如果有机会，可以比较一下原版"野马"和"施特雷加"这类竞速机之间的区别。观察主起落架舱门附近的机翼底部，从前缘到后缘是一个半径连续的曲线。而原版飞机在机腹则有大量的缝隙和不规则的外形，尤其是起落架舱门附近的机体表面。竞速机的机翼表面是看不到蒙皮接缝线、铆钉和涂装划线的。为了突破 500 英里／小时的极速，每个关键细节都是极其重要的，马虎不得。

斯堪的纳维亚历史纪念飞行中，这架
P-51D 身披王牌飞行员"巴德"·安德
森当年座机"老乌鸦"号的涂装。2001
年，"巴德"驾驶这架"野马"从他在第
二次世界大战时的位于达斯福德雷斯顿
的基地起飞，转天他搭乘一架 F-15 战
斗机从拉肯希斯基地起飞，伴飞在这架
P-51 古董飞机旁边，一同飞越雷斯顿。
总共有 3 架"野马"古董飞机涂装成"老
乌鸦"号的式样。(道格·费舍尔供图)

附　录

附录 I 检查和流程

下列检查项目包含对一架飞机执行规定的周期性检查。执行检查的人员应持有一份对应的检查工作单，当完成一项检查后，在检查单对应位置打上标记。

调整和维护工作应参照《维护说明手册 T.O.AN01-60JE-2》进行，手册中包含了全部技术要点和允许公差。飞机本身的结构和动力总成没有寿命限制。发动机、螺旋桨、附件和总成件根据机件状况进行必要的更换。

检查时发现的不满足适航要求的部件需要即时做出标记并转移至另外的工单进行处理，处理完成之前，禁止飞机再次飞行。修理完成后的最终检验记录也要登记到工单上。

附加规定检查项目

检查 AWNs、CAA Ads、CAA FADs、FAA ADs、MAMIS&MPDs 各项定期就地检查项目，每 12 个月检查一次空速表（ASI）和高度表的校准情况，无线电通信系统和导航辅助系统的校准和准确度检查。TXR 每 12 个月检查罗盘漂移情况，每 36 个月检查并测试 IAW CAIP AL/3-13 弹性压力软管，超过 6 年的，需要更换新管；每 3 年测试压力容器，从上次测试日期算起，5 年后换新。

每 25 飞行小时检查项目

通信设备

检查所有设备的安装安全性和总体状态。
尽可能检查所有的走线。

点火装置和电气系统

检查所有屏蔽插头装置的弯头端子和屏蔽螺母的安装是否到位，有否影响安全的情况发生。
检查起落架告警灯装配是否到位，电气连接是否正常。
检查所有电气接线盒是否整洁并符合安全标准。
确认备用的灯泡是可用的，并且规格正确，所有的接线都固定在插头、开关、插座和接线板上。

确认所有玻璃罩子是洁净、安全且无损坏的。

检查所有点火线在常规条件下的绝缘性和安全性。

检查接触断路器并润滑。注意不允许将润滑油滴到触点上。

检查起动机、磁电机、交流发电机和分电器的安装固定是否安全，外壳螺栓的紧固情况和所有连接螺栓的安全性。

检查外壳或者法兰是否开裂。

燃油系统

检查发动机驱动的燃油泵安装是否到位，状态是否安全。

确认泄放管线的末端是否清洁无堵塞。

在发动机运行时检查燃油压力，最低 14psi（14 磅力 / 平方英寸），最高 19psi（19 磅力 / 平方英寸），期望值 17psi（17 磅力 / 平方英寸）[+1psi（1 磅力 / 平方英寸）]。

从燃油过滤器末端拆下滤网，并用燃油将滤网冲洗干净。在重新装上滤网之前，确保燃油过滤器内部是清洁无杂物的。

拆除发动机整流罩和其他必要的维护口盖后，随着燃油压力上升，目视检查油路是否存在泄漏和裂纹。

确认接头无渗漏、磨损、擦伤或截断。检查接头连接是否紧固，夹具是否在正确的位置上。

滑油系统

检查所有管路有无裂纹、凹痕、扭结和老化。确保夹具牢固，管线不接触机身的任何部分，以免留下磨损的隐患。

检查橡胶软管连接是否有裂纹或老化。确保软管夹之间留出合适的间距并正确调整。

检查滑油箱是否安全固定并确保无渗漏现象。

更换滑油滤清器，切开换下来的滤清器罐体，检查是否有金属碎屑。

拆下并清洁回油泵滤网。

拆下并清洁发动机驱动的滑油滤清器，清洁滤清器内部过滤腔体。

检查所有紧固件、活门、法兰、过滤器和油泵是否有渗漏迹象和痕迹。

冷却系统

检查前部冷却液箱是否有渗漏以及固定是否紧固。

检查管路是否存在磨损和老化。确保管线牢固，且与机身任何部分没有干涉和接触从而导致磨损的隐患。

检查散热调节板的清洁度和附件的安全性。检查螺栓，确保调节板铰链衬套中没有间隙。

检查所有软管连接是否有老化现象。检查软管夹的紧固程度和边缘距离是否适当。

确认散热调节门作动连接机构工作正常并且经过正确调整。

活门

检查凸轮摇臂机构、活门和弹簧。检查凸轮、摇臂垫是否存在磨损，弹簧是否断裂，活门是否存在烧蚀和卡滞。

歧管和增压器

确认进气歧管无松动异常，检查是否有裂纹和垫圈破裂。

检查增压器铸件和弯管是否有裂纹和故障迹象。

检查基本器件（ABC）的安全紧固状态。

螺旋桨和附件

润滑螺旋桨桨毂耳轴和整流罩前部环形衬套。

检查螺旋桨桨叶是否有破损。

检查桨毂和变距器是否存在漏油现象，控制系统的状况和作动是否正确。

通用动力总成

检查火花塞弯头端子和屏蔽塞的安全性。拧紧弯管组件时，不要松开筒体。弯管应该用扳手拧紧一半。

检查减速齿轮箱和增压器壳体、发动机尾部附件壳体的总体状况和安全性。

清洁化油器燃油过滤器，输油管不需要断开。

更换化油器燃油过滤器后，当过滤器充满空气时，断开化油器处的蒸汽通风管，然后用增压泵施加大约 14psi（14 磅力/平方英寸）燃油压力，并观察蒸汽消除器是否起作用。应该可以注意到，当燃油液位升高浮子并关闭通风通道时，一股空气被排出，然后停止。除了几滴属于正常渗漏的燃油外，不应有燃油从通气管处流出。

检查化油器连接螺栓和进气弯管螺母的紧固安全性。

检查点火线的接地情况和增压器连接情况。

检查火花塞间隙。理想间隙为 0.018 英寸。

检查基本器件（ABC）的安全紧固状态。

检查发动机怠速运转时的工作状态。

检查发动机通气系统是否通风顺畅。

检查交流发电机和火花塞排气管是否通风顺畅。

检查排气管护罩外表面与发动机整流罩法兰之间的间隙，以及排气管和排气管护罩之间的间隙。

座舱

关闭滑动座舱盖，然后拉动紧急释放手柄。用力推座舱盖，确认座舱盖已正常脱锁，可被推起。

重新安装座舱盖时，确保其正确锁定到位，并润滑所有动作机构。

检查挡风玻璃和侧风挡周围的挡缝止水条的总体状况和安全性。

检查挡风玻璃和侧风挡的状况和安全性。检查所有玻璃和有机玻璃表面是否有裂缝或破损。

检查飞行员和后座乘客座椅是否安全牢固，检查座椅靠背是否存在可能损坏降落伞或衣服的断裂或裂缝。检查支架和托架。

检查安全带和肩带附件。

检查织物安全带是否有切口或磨损，以及锁扣装置的状况和操作是否正常。

检查配件和附件的紧固情况和安全性。

检查通风设备的状况，以及是否能正常运行。

飞行控制机构

检查操纵杆，推拉连杆和附件的总体状况和安全性。

控制面锁止，调整片指示在中立位置，检查调整配平片是否与方向舵、升降舵和副翼位置对准。

检查控制面锁止和连杆机构的状况和安全性。确保控制面锁止装置正确启用。如有必要，对柱塞进行润滑。

检查襟翼作动连杆的安全性。确认所有自锁螺母紧固牢靠。

检查副翼控制系统扭矩管附件轴承和操纵杆附件的机械状况和安全性。

检查从副翼扭矩管到副翼钢缆铰链的两个连杆是否安全，并确保自紧螺母紧固。

检查每个副翼的内外侧钢缆部分的一般状况和安全性。

检查副翼操纵钢缆与铰链连接的安全性，并确定连接螺丝扣是安全的。

检查两个副翼作动叉组件的总体状况和安全性。

检查右副翼调整杆、摇臂组件和附件的一般状况和安全性。确保自紧螺母拧紧。

检查左外侧副翼调整片控制滚筒、连杆和附件的一般状况和安全性。确保锁紧螺丝拧紧。

检查内侧副翼调整片控制滚筒和连接到基座控制的连接的总体状况和安全性。

检查两个副翼配平调整片钢缆的一般状况和与滚筒组件连接的牢固性。确保连接螺丝扣是安全的。

检查升降舵推拉控制杆与前升降舵曲柄的连接是否牢固，并检查曲柄的一般状况。检查推拉杆上的锁紧螺母，确保其紧固。

检查升降舵作动筒总成和后部的钢缆连接连杆的总体状况和安全性。

检查升降舵配平调整片控制滚筒和支座中的控制装置的总体状况和安全性。

检查升降舵控制钢缆的连接安全性和走向的正确性。确保松紧螺套连接安全到位。

检查两个升降舵配平调整片控制滚筒是否在水平安定面内，检查连接到调整片的连杆的总体状况和安全性，确保自锁螺母紧固不松动。

检查两个升降舵配平调整片的控制钢缆的总体情况及安全性。检查所有松紧螺套和钢缆连接的安全性。

检查方向舵脚蹬、连接块和连接螺栓的状况和安全性。确保制动调节杆上的锁紧螺母的紧固状态。

检查后部方向舵操纵曲柄和方向舵作动筒的总体状况和安全性。检查杆组件上的锁紧螺母，确保其紧固。

检查两条方向舵控制钢缆的走向是否正确，总体状况及安全性。

检查方向舵配平调整片控制滚筒和控制机构基座的总体状况和安全性。

检查方向舵平衡钢缆、锁止机构和连接件的总体状况和安全性。

检查方向舵配平调整片控制滚筒是否在垂直安定面内的正确位置上以及连接到配平调整片的连接机构的总体状况和安全性，确保自紧螺套紧固。

检查两条方向舵配平调整片控制钢缆连接的总体状况及安全性。确保两边的自紧螺套的安全性。

确保副翼控制系统扭矩管上的两个副翼止动块和每个副翼外侧拉索上的两个止动块是安全的。

确保方向舵止动块在方向舵曲柄上，升降舵止动块在控制杆底部是安全的。

检查所有的控制钢缆是否存在磨损，尤其注意滑轮组和导缆器周围的钢缆。

可动翼面

检查副翼和升降舵连接附件、轴承及螺栓的总体状况及安全性。

检查副翼作动叉是否有过大的间隙。副翼后缘最大允许有 1/8 英寸的间隙。

拆下方向舵检查口盖并检查方向舵连接附件、轴承和连接螺栓的总体状况和安全性。

拆下升降舵作动筒整流罩，并检查升降舵连接附件、轴承和连接螺栓的总体状况和安全性。

检查配平调整片和铰链的总体状况和安全性。

检查安定面和活动控制面的间隙，查看是否有外来异物卡在间隙内。

检查升降舵和方向舵底部护帽部分的排水孔，确保排水孔畅通。

安定面

检查垂直尾翼和机身之间的连接附件和连接螺栓的总体状况和安全性。

检查机翼、水平安定面和整流罩是否有裂纹、铆钉、螺钉等是否存在松动及腐蚀现象，并检查总体状况。

检查机翼和机身的连接配件和连接螺栓的总体状况和安全性。

油箱

检查油箱周围区域的口盖，查看是否有燃油渗漏的现象。

后起落架

检查尾轮分离拉索的安全性和一般状况。确保松紧螺套安全可靠。检查钢缆套管和附件的一般状况、调整是否到位以及安全性，必要时进行润滑。

检查尾轮收起锁和放下锁拉索的连接安全性和一般状况。确保松紧螺套是安全的。

检查两条尾轮转向拉索的状况、调整和安全性。确保两个固定弹簧牢固。

检查尾轮收起锁止机构的总体状况、运动自由度和连接的安全性。

检查尾轮放下锁止机构，检查运动自由度，并检查接触表面的清洁度。

检查尾轮上的闩锁滚轮是否自由移动和安全。必要时进行润滑。

检查整个尾轮装置的总体状况和清洁度。

检查尾轮装置枢轴螺栓和附件的总体状况和安全性。

检查尾轮收起连杆的连接是否牢固。

检查尾轮舱门和操作连杆的总体状况和安全性。

在尾轮总成的四个注油嘴处注入润滑油，对部件进行润滑。

主起落架

清洁锁销，并在表面涂上轻油。

检查主起落架整流罩舱门锁联动装置的总体状况。

检查起落架应急放下系统的释放操作。检查延时活门连杆的总体状况、附件的安全性以及是否调整到位。确保锁紧螺母紧固在连杆机构和撞针托板上。

向每个主起落架扭矩连杆上的四个加油嘴中加注润滑油，润滑机件。

在起落架支架铸件的加油嘴处加入润滑油，为每个主起落架枢轴进行润滑。

润滑起落架基座上的起落架换向控制连杆。

机轮和刹车

检查制动主缸是否有漏油或损坏。

检查停机刹车控制连杆和脚踏刹车连杆的连接是否正常。

检查整个刹车系统是否存在漏液现象。

确保全部刹车线的安全以及无擦伤、划痕及割伤。

拆下机轮和机轮轴承，用有机溶剂清洗干净，并用高压空气吹除异物。检查轴承两侧的横向和径向粗糙程度。

润滑机轮轴承。

检查刹车片。如果刹车片出现凹凸、翘曲和损伤，则更换刹车片。

确保刹车片间隙调整至 0.053 至 0.056 英寸之间。

在机轮自由转动时进行检查，确保机轮和轮毂状态良好。

彻底检查轮胎。如果有切口、破损、分层或其他损坏，拆下外胎，仔细检查轮胎和内胎，并按照适用的技术规范进行修理或更换。

液压系统

彻底检查所有液压管线和动作装置的连接安全性。检查有无泄漏、磨损、凹痕、裂纹或损坏的螺母。

检查任何运行中的油缸或活门是否有过量漏液。必要时更换密封件，检查发动机泵压力管路中使用的柔性软管和软管接头是否扭结或老化。

机身

检查机身的整体状况、是否腐蚀、铆钉翘起、破裂或变形故障或其他损坏。

每 100 飞行小时检查项目

通信设备

检查所有设备的安装安全性和总体状态。

尽可能检查所有的走线。

对整个通信设备系统进行彻底检查，以确保每个金属部件都充分贴合，并且所有电气部件都正确屏蔽和贴合。根据需要，通过绝缘、屏蔽或黏合消除每个产生摩擦或振动的金属触点。

检查所有插头是否存在变形、脏污，并检查连接的安全性。

检查所有天线是否安装牢固。

检查跳开关（CB）的状态。

点火装置和电气系统

检查所有屏蔽插头装置的弯头端子和屏蔽螺母的安装是否到位，有否影响安全的情况发生。

检查起落架告警灯装配是否到位，电气连接是否正常。

检查所有电气接线盒是否整洁并符合安全标准。

确认备用的灯泡是可用的，并且规格正确，所有的接线都固定在插头、开关、插座和接线板上。

确认所有玻璃罩子是洁净、安全且无损坏的。

检查所有点火线在常规条件下的绝缘性盒安全性。

检查接触断路器并润滑。注意不允许将润滑油滴到触点上。

检查起动机、磁电机、交流发电机和分电器的安装固定是否安全，外壳螺栓的紧固情况和所有连接螺栓的安全性。

检查所有电气连接和导线的接地安全性、线路锚固、连接紧密性、绝缘状况、插头的安全性。

检查所有开关、调节器、指示器继电器和螺线管的位置、安装和连接的状况、安全性以及操作是否正常。

检查交流发电机是否脏污或接头松动，电刷是否磨损或卡滞，以及安装是否牢固。

检查启动点火线圈。检查连接的安全性。

如果在交流发电机中发现滑油，彻底擦除并清洁，并检查油封是否漏油。拧紧所有松动的交流发电机安装螺栓，确保安全。

检查所有灯泡是否变色。确保细丝完好无损。

检查空速管加热器的工作情况。检查空速管头部是否异常及其总体状况。

拆下起动机电机上的散热窗网，检查连接是否松动，电刷是否磨损或卡滞。

检查起动机电刷的总长度。如果总长度小于等于 5/16，则立即更换。

检查磁电机触点间隙，如果小于 0.011 英毫，大于 0.017 英毫，则调整至 0.012 英毫。

检查冷却液和滑油散热调节门作动筒的总体状况，运行情况和连接的安全性。

燃油系统

检查发动机驱动的燃油泵安装是否到位，状态是否安全。

确认泄放管线的末端是否清洁无堵塞。

在发动机运行时检查燃油压力，最低 14psi（14 磅力 / 平方英寸），最高 19psi（19 磅力 / 平方英寸），期望值 17psi（17 磅力 / 平方英寸）[+1psi（1 磅力 / 平方英寸）]。

从燃油过滤器末端拆下滤网，并用燃油将滤网冲洗干净。在重新装上滤网之前，确保燃油过滤器内部是清洁无杂物的。

拆除发动机整流罩和其他必要的维护口盖后，随着燃油压力上升，目视检查油路是否存在泄漏和裂纹。

确认接头无渗漏、磨损、擦伤或截断。检查接头连接是否紧固，夹具是否在正确的位置上。

检查油箱选择阀控制装置的一般状况和安全性。检查是否有过大的间隙或阻力，并确保与油箱的连接与刻度盘标记相对应。

检查油箱通风口是否有脏污，检查总体状况和安全性。

拆下并清洁发动机驱动燃油泵的安全阀外壳的通风口塞子。

检查燃油增压泵安装板的总体状况、安全性以及是否存在渗漏。

检查燃油管线、软管和夹具的总体状况及安全性。

滑油系统

检查所有管路有无裂纹、凹痕、扭结和老化。确保夹具牢固，管线不接触机身的任何部分，以免留下磨损的隐患。

检查橡胶软管连接是否有裂纹或老化。确保软管夹之间留出合适的间距并正确调整。

检查滑油箱是否安全固定并确保无渗漏现象。

更换滑油滤清器，切开换下来的滤清器罐体，检查是否有金属碎屑。

拆下并清洁回油泵滤网。

拆下并清洁发动机驱动的滑油滤清器，清洁滤清器内部过滤腔体。

检查所有紧固件、活门、法兰、过滤器和油泵是否有渗漏迹象和痕迹。

冷却系统

检查前部冷却液箱是否有渗漏以及固定是否紧固。

检查管路是否存在磨损和老化。确保管线牢固，且与机身任何部分没有干涉和接触从而导致磨损的隐患。

检查散热调节板的清洁度和附件的安全性。检查螺栓，确保调节板铰链衬套中没有间隙。

检查所有软管连接是否老化现象。检查软管夹的紧固程度和边缘距离是否适当。

确认散热调节门作动连接机构工作正常并且经过正确调整。

检查散热器支撑带是否牢固，并检查四个连接螺栓是否张紧和安全。

检查循环泵附件的安全性。如果存在过多漏液则立即更换密封件。

活门

检查凸轮摇臂机构、活门和弹簧。检查凸轮、摇臂垫是否存在磨损，弹簧是否断裂，活门是否存在烧蚀和卡滞。

将摇臂垫至凸轮轴下方的所有活门间隙调整至 0.015 英毫（thou）。

歧管和增压器

确认进气歧管无松动异常，检查是否有裂纹和垫圈破裂。

检查增压器铸件和弯管是否有裂纹和故障迹象。

检查基本器件（ABC）的安全紧固状态。

螺旋桨和附件

润滑螺旋桨桨毂耳轴和整流罩前部环形衬套。

检查螺旋桨桨叶是否有破损。

检查桨毂和变距器是否存在漏油现象，控制系统的状况和作动是否正确。

通用动力总成

检查火花塞弯头端子和屏蔽塞的安全性。拧紧弯管组件时，不要松开筒体。弯管应该用扳手拧紧一半。

检查减速齿轮箱和增压器壳体、发动机尾部附件壳体的总体状况和安全性。

清洁化油器燃油过滤器，输油管不需要断开。

更换化油器燃油过滤器后，当过滤器充满空气时，断开化油器处的蒸汽通风管，然后用增压泵施加大约 14psi（14 磅力 / 平方英寸）燃油压力，并观察蒸汽消除器是否起作用。应该可以注意到，当燃油液位升高浮子并关闭通风通道时，一股空气被排出，然后停止。除了几滴属于正常渗漏的燃油外，不应有燃油从通气管处流出。

检查化油器连接螺栓和进气弯管螺母的紧固安全性。

检查点火线的接地情况和增压器连接情况。

检查火花塞间隙。理想间隙为 0.018 英寸。

检查基本器件（ABC）的安全紧固状态。

检查发动机怠速运转时的工作状态。

检查发动机通气系统是否通风顺畅。

检查交流发电机和火花塞排气管是否通风顺畅。

检查排气管护罩外表面与发动机整流罩法兰之间的间隙，以及排气管和排气管护罩之间的间隙。

检查点火屏蔽是否正确固定在整流罩法兰上，以及排气管和护罩之间的间隙。

通过底部的泄放口卸除化油器调节器和燃油控制装置的积存的燃油。

检查发动机整流罩盖板以及框架的整体状况和安全性。

拆下并清洁化油器进气道部分。清洁化油器空气冲击管和节气门体的内表面，尤其是小型增压文氏管。

检查磁电机的凸轮随动件是否有破损，断路器毛毡是否损坏或变脆，断路器臂弹簧是否断裂、凸轮或凸轮轴承是否磨损或松动。检查安装的安全性。检查是否过度润滑，必要时进行润滑。

检查磁电机分电器的电刷是否黏滞或断裂，以及是否有电弧迹象。检查安装螺钉的紧固程度。

检查磁电机断路器的连接情况，必要时进行调整。

拆下、清洁并检查所有的火花塞。

检查磁电机的延时特性。

检查点火升压器的工作情况。

检查化油器空气进气口的软胶弯管是否出现老化现象。

座舱

关闭滑动座舱盖，然后拉动紧急释放手柄。用力推座舱盖，确认座舱盖已正常脱锁，可被推起。

重新安装座舱盖时，确保其正确锁定到位。并润滑所有动作机构。

检查挡风玻璃和侧风挡周围的挡缝止水条的总体状况和安全性。

检查挡风玻璃和侧风挡的状况和安全性。检查所有玻璃和有机玻璃表面是否有裂缝或破损。

检查飞行员和后座乘客座椅的是否安全牢固，检查座椅靠背是否存在可能损坏降落伞或衣服的断裂或裂缝。检查支架和托架。

检查安全带和肩带附件。

检查织物安全带是否有切口或磨损，以及锁扣装置的状况和操作是否正常。

检查配件和附件的紧固情况和安全性。

检查通风设备的状况，以及是否能正常运行。

飞行控制机构

检查操纵杆，推拉连杆和附件的总体状况和安全性。

控制面锁止，调整片指示在中立位置，检查调整配平片是否与方向舵、升降舵和副翼位置对准。

检查控制面锁止和连杆机构的状况和安全性。确保控制面锁止装置正确启用。如有必要，对柱塞进行润滑。

检查襟翼作动连杆的安全性。确认所有自锁螺母紧固牢靠。

检查副翼控制系统扭矩管附件轴承和操纵杆附件的机械状况和安全性。

检查从副翼扭矩管到副翼钢缆铰链的两个连杆是否安全，并确保自紧螺母紧固。

检查每个副翼的内外侧钢缆部分的一般状况和安全性。

检查副翼操纵钢缆与铰链连接的安全性，并确定连接螺丝扣是安全的。

检查两个副翼作动叉组件的总体状况和安全性。

检查右副翼调整杆、摇臂组件和附件的一般状况和安全性。确保自紧螺母拧紧。

检查左外侧副翼调整片控制滚筒、连杆和附件的一般状况和安全性。确保锁紧螺丝拧紧。

检查内侧副翼调整片控制滚筒和连接到基座控制的连接的总体状况和安全性。

检查两个副翼配平调整片钢缆的一般状况和与鼓组件连接的牢固性。确保连接螺丝扣是安全的。

检查升降舵推拉控制杆与前升降舵曲柄的连接是否牢固，并检查曲柄的一般状况。检查推拉杆上的锁紧螺母，确保其紧固。

检查升降舵作动筒总成和后部的钢缆连接连杆的总体状况和安全性。

检查升降舵配平调整片控制滚筒和支座中的控制装置的总体状况和安全性。

检查升降舵控制钢缆的连接安全性和走向的正确性。确保松紧螺套连接安全到位。

检查两个升降舵配平调整片控制滚筒是否在水平安定面内，检查连接到调整片的连杆的总体状况和安全性，确保自锁螺母紧固不松动。

检查两个升降舵配平调整片的控制钢缆的总体情况及安全性。检查所有松紧螺套和钢缆连接的安全性。

检查方向舵脚蹬、连接块和连接螺栓的状况和安全性。确保制动调节杆上的锁紧螺母的紧固状态。

检查后部方向舵操纵曲柄和方向舵作动筒的总体状况和安全性。检查杆组件上的锁紧螺母，确保其紧固。

检查两条方向舵控制钢缆的走向是否正确，总体状况及安全性。

检查方向舵配平调整片控制滚筒和控制机构基座的总体状况和安全性。

检查方向舵平衡钢缆、锁止机构和连接件的总体状况和安全性。

检查方向舵配平调整片控制滚筒是否在垂直安定面内的正确位置上以及连接到配平调整片的连接机构的总体状况和安全性，确保自紧螺套紧固。

检查两条方向舵配平调整片控制钢缆连接的总体状况及安全性。确保两边的自紧螺套的安全性。

确保副翼控制系统扭矩管上的两个副翼止动块和每个副翼外侧拉索上的两个止动块是安全的。

确保方向舵止动块在方向舵曲柄上，升降舵止动块在控制杆底部是安全的。

检查所有的控制钢缆是否存在磨损，尤其注意滑轮组和导缆器周围的钢缆。

确保副翼控制系统扭矩管上的两个副翼止动块和每个副翼外侧拉索上的两个止动块是安全的。

确保方向舵止动块在方向舵控制曲柄上，升降舵止动快在控制杆底部的连接是安全的。

检查操纵钢缆的张力。

润滑控制机构。

检查所有控制钢缆，查看是否有磨损现象，尤其是滑轮组和导缆器周边的钢缆。

可动翼面

检查副翼和升降舵连接附件、轴承及螺栓的总体状况及安全性。

检查副翼作动叉是否有过大的间隙。副翼后缘最大允许有 1/8 英寸的间隙。

拆下方向舵检查口盖并检查方向舵连接附件、轴承和连接螺栓的总体状况和安全性。

拆下升降舵作动筒整流罩，并检查升降舵连接附件、轴承和连接螺栓的总体状况和安全性。

检查配平调整片和铰链的总体状况和安全性。

检查安定面和活动控制面的间隙，查看是否有外来异物卡在间隙内。

检查升降舵和方向舵底部护帽部分的排水孔，确保排水孔畅通。

拧下襟翼和机翼的连接机构的螺栓，让襟翼完全下垂下来。

检查襟翼附件的连接件、轴承和附件螺栓的状态是否正常以及安装的安全性。

安定面

检查垂直尾翼和机身之间的连接附件和连接螺栓的总体状况和安全性。

检查机翼、水平安定面和整流罩是否有裂纹、铆钉、螺钉等是否存在松动及腐蚀现象，并检查总体状况。

检查机翼和机身的连接配件和连接螺栓的总体状况和安全性。

拆下机翼上所有左氏锁扣紧固的检查门，然后放下襟翼和起落架门，检查铆钉是否松动或脱出，翼肋和结构件是否变形、破裂或断裂，机翼连接螺栓是否牢固，螺栓角或相邻蒙皮是否有裂纹。

拆除所有检查口盖、检修舱门和整流罩。检查水平安定面和垂直安定面的结构件是否有裂纹、腐蚀或其他损伤。

检查襟翼铰链的总体状况，检查部件活动范围及约束力是否正常。

拆下机翼检查口盖，检查机翼内部是否有铆钉松动、变形、裂纹，检查翼肋是否有断裂和老化的现象，并检查总体状况。

油箱

检查油箱周围区域的口盖，查看是否有燃油渗漏的现象。

后起落架

检查尾轮分离拉索的安全性和一般状况。确保松紧螺套安全可靠。检查钢缆套管和附件的一般状况、调整是否到位以及安全性，必要时进行润滑。

检查尾轮收起锁和放下下锁拉索的连接安全性和一般状况。确保松紧螺套是安全的。

检查两条尾轮转向拉索的状况、调整和安全性。确保两个固定弹簧牢固。

检查尾轮收起锁止机构的总体状况、运动自由度和连接的安全性。

检查尾轮放下锁止机构，检查运动自由度，并检查接触表面的清洁度。

检查尾轮上的闩锁滚轮是否自由移动和安全。必要时进行润滑。

检查整个尾轮装置的总体状况和清洁度。

检查尾轮装置枢轴螺栓和附件的总体状况和安全性。

检查尾轮收起连杆的连接是否牢固。

检查尾轮舱门和操作连杆的总体状况和安全性。

在尾轮总成的 4 个注油嘴处注入润滑油，对部件进行润滑。

检查尾轮减震支柱中液压油液面高度是否正常。

飞机被架起来后，检查尾轮的工作情况。确保收起锁和放下锁操作有效，尾轮装置锁止后不会松动。进行任何必要的钢缆长度调整，以确保锁止机构的完全和正确动作。

当尾轮动作时，检查尾轮舱门。确保松紧螺套调整到位，在尾轮收入机身后，尾轮舱门迅速关闭，而不是拖泥带水。当尾轮与机身底部成直角且减震支柱放下时，舱门应打开足够大，以允许尾轮与两个舱门间距至少 3/8 英寸。确保螺丝扣安全可靠。

检查从基座到尾轮的尾轮锁定机构和导缆钩、滑轮和附件的总体状况和安全性。确保钢缆走向正确。

将飞机架起来后，松开尾轮并让其自由转动，检查转动情况和完整的旋转动作。

主起落架

清洁锁销，并在表面涂上轻油。

检查主起落架整流罩舱门锁联动装置的总体状况。

检查起落架应急放下系统的释放操作。检查延时活门连杆的总体状况、附件的安全性以及是否调整到位。确保锁紧螺母紧固在连杆机构和撞针托板上。

向每个主起落架扭矩连杆上的四个加油嘴中加注润滑油，润滑机件。

在起落架支架铸件的加油嘴处加入润滑油，为每个主起落架枢轴进行润滑。

润滑起落架基座上的起落架换向控制连杆。

检查连杆和钢缆的调整是否正确，扭力管曲柄、衬垫之间以及安全挡块和内侧曲柄之间的间隙是否合适。

检查轮舱门上闩钩相对于上闩滚轮的间隙和重叠是否合适。

当挂钩伸出时，检查插销是否越过正中心位置。

检查主起落架上闩的最小间隙和线性调整。

将飞机架起，检查起落架的工作情况。当起落架收起时，确保起落架整流罩舱门有足够的间隙，并且当 125 磅的重量悬挂在舱门外侧边缘时，上闩正确啮合。

检查主起落架减震支柱的液压油液位是否正确。

检查主起落架放下锁完全自由活动的情况。

检查起落架整流舱门在起落架收起时，是否完全闭合，无落差和异常间隙。

机轮和刹车

检查制动主缸是否有漏油或损坏。

检查停机刹车控制连杆和脚踏刹车连杆的连接是否正常。

检查整个刹车系统是否存在漏液现象。

确保全部刹车线的安全以及无擦伤、划痕及割伤。

拆下机轮和机轮轴承，用有机溶剂清洗干净，并用高压空气吹除异物。检查轴承两侧的横向和径向粗糙程度。

润滑机轮轴承。

检查刹车片。如果刹车片出现凹凸、翘曲和损伤，则更换刹车片。

确保刹车片间隙调整至 0.053 至 0.056 英寸之间。

在机轮自由转动时进行检查，确保机轮和轮毂状态良好。

彻底检查轮胎。如果有切口、破损、分层或其他损坏，拆下外胎，仔细检查轮胎和内胎，并按照适用的技术规范进行修理或更换。

拆掉机轮，并检查轴碗的状态。

检查内侧轴承毛毡油脂护圈。

完全拆卸制动装置进行检查。

清洁制动油缸和活塞，如果损坏或磨损，立即更换。

确保机轮和轮毂状况良好，如果轮毂腐蚀、弯曲或其他损坏，立即更换或修理。

确保制动回位弹簧处于良好状态。检查制动器密封件有无收缩、损坏或磨损。

液压系统

彻底检查所有液压管线和动作装置的连接安全性。检查有无泄漏、磨损、凹痕、裂纹或损坏的螺母。

检查任何运行中的油缸或活门是否有过量漏液。必要时更换密封件，检查发动机泵压力管路中使用的柔性软管和软管接头是否扭结或老化。

机身

检查机身的整体状况、是否腐蚀、铆钉翘起、破裂或变形故障或其他损坏。

拆下所有的检查舱门、口盖和整流罩。检查机身内部结构是否存在裂纹、腐蚀或者其他损坏的情况。

检查前机身与后机身的安装角度，邻近的机身蒙皮和连接螺栓的总体状况和安全性。

检查发动机架在机身上防火墙后面的四个安装点的固定的安全性。

检查防火墙的总体状况。检查防火墙拼接板和连接螺栓的总体状况和安全性。

检查防火墙和机身的连接螺丝、螺栓和附近机身蒙皮的总体状况和安全性。

陀螺仪和导航仪表

拆下并清洁真空仪表的空气过滤器。

检查所有仪器和仪表板的总体状况和安全性。检查仪表线路和连接（包括使用时的电气连接）的紧密性、接合状况以及由于振动或摩擦造成的磨损。

确保橡胶垫圈安装在仪表管线上需要的地方，并且状态良好。检查飞行员仪表板减震架的总体状况、灵活性和安全性。

检查空速表（ASI）操作极限标记。确保标记清晰可辨。如有必要，去除旧标记，并将新标记的贴纸贴在仪表玻璃外罩上。

发动机仪表

检查发电机电气连接的紧密性和安装的安全性。

检查所有仪器、线路和毛细管的安全性、所有连接的紧密性（包括使用时的电气连接）以及所有连接的状况。检查由于振动或擦伤造成的磨损。确保橡胶垫圈安装在需要的地方，并且垫圈状况良好。

检查所有发动机仪表是否有变色或破损的仪表极限标记。确保发动机仪表工作极限标记正确。

附录 II 润滑

每日检查时的润滑要求

序号	项目	润滑剂	壳牌（Shell）
1	主起落架减震支柱注液孔塞	AN–W–0–366	液 4585B2
2	液压系统	AN–W–0–366	液 4585B3
3	后起落架减震支柱注液孔塞	AN–W–0–366	液 4585B

每日检查时的润滑要求

序号	项目	润滑剂	壳牌	嘉实多
4	副翼外侧控制摇臂	AN–G–25		
5	升降舵调整片作动筒	AN–G–25		
6	升降舵调整片作动机构	AN–G–25		
7	方向舵调整片作动筒	AN–G–25		
8	方向舵调整片作动机构	AN–G–25		
9	副翼调整片作动筒	AN–G–25		
10	升降舵曲柄	AN–G–25		
11	起落架收放控制手柄	AN–G–25		
12	主起落架枢轴	AN–G–25		
13	主起落架扭力臂	AN–G–25		
14	主起落架扭力臂	AN–G–25		
15	主起落架扭力臂	AN–G–25		
16	主起落架扭力臂	AN–G–25		
17	后起落架放下锁止机构	AN–G–25		
18	后起落架耳轴	AN–G–25	7号润滑脂	嘉实多易 A（Castroease A）
19	后起落架耳轴	AN–G–15		
20	尾轮转向机构	AN–G–15		
21	尾轮转向机构	AN–G–15		
22	刹车主缸曲柄	AN–G–15		
23	刹车主缸曲柄	AN–G–15		
24	方向舵脚蹬	AN–G–15		
25	方向舵脚蹬	AN–G–15		
26	刹车脚踏板	AN–G–15		
27	刹车脚踏板	AN–G–15		
28	主起机轮轴承	AN–G–15		
29	尾轮轴承	AN–G–15		
30	方向舵脚蹬	AN–G–15		
31	方向舵脚蹬	AN–G–15		
32	刹车脚踏板	AN–G–15		
33	刹车脚踏板	AN–G–15		
34	升降舵曲柄	AN–G–15		

附录 III "野马"各型别技术参数

NA–73X

首飞时间： 1940 年 10 月 26 日

外形尺寸： 翼展 37 英尺；机长 32 英尺 3 英寸；机高 12 英尺 2 英寸；机翼面积：233 平方英尺

重量： 最大起飞重量 8633 磅

武器装备： 计划在机翼内安装 4 挺 .30 英寸口径"勃朗宁"机枪，每挺机枪备弹 500 发，前机身下部装有两挺 0.30 英寸口径"勃朗宁"机枪，每挺机枪备弹 400 发。原型机未安装武器

动力装置： 一台 1150 马力的"艾利逊"V–1710–39 液冷 V–12 活塞发动机，驱动一副寇蒂斯三叶恒速螺旋桨

性能： 最高速度 382 英里 / 小时，高度 13700 英尺

初始爬升率： 2300 英尺 / 分钟；实用升限 32000 英尺；最大航程 750 英里

"野马"I/IA

首飞时间： "野马"I，1941 年 4 月 23 日；"野马"IA，1942 年 5 月 29 日（美国陆军航空队 P–51，1941 年 5 月 20 日）

开始服役时间： "野马"I，1942 年 2 月；"野马"IA，1942 年 7 月（美国陆军航空队 P–51，1943 年 4 月）

外形尺寸： 翼展 37 英尺；机长 32 英尺 3 英寸；机高 12 英尺 2 英寸；机翼面积：233 平方英尺

重量： "野马"I：空重 6270 磅，最大起飞重量 7908 磅；"野马"IA：空重 6550 磅，最大起飞重量 8800 磅

武器装备： "野马"I：机翼内安装两挺 .50 英寸口径机枪和 4 挺 .30 英寸口径"勃朗宁"机枪，前机身下部装有两挺 .50 英寸口径机枪；"野马"IA：机翼上安装 4 门 20 毫米口径机炮

动力装置： 一台 1150 马力的"艾利逊"V–1710–39 液冷 V–12 活塞发动机，驱动一副寇蒂斯三叶恒速螺旋桨

性能： "野马" I：最高速度 375 英里 / 小时；"野马" IA：最高速度 387 英里 / 小时，高度 15000 英尺

初始爬升率： 2600 英尺 / 分钟，爬升至 25000 英尺用时 16 分钟；实用升限 31350 英尺；最大航程 750 英里

A-36 "入侵者"

首飞时间： 1940 年 10 月 26 日

开始服役时间： 1943 年 4 月

外形尺寸： 翼展 37 英尺；机长 32 英尺 3 英寸；机高 12 英尺 2 英寸；机翼面积：233 平方英尺

重量： 空重 6100 磅，最大起飞重量 10700 磅

武器装备： 机翼内安装 4 挺 .50 英寸口径机枪，前机身下部装有两挺 .50 英寸口径机枪，外挂两枚 500 磅炸弹，每侧翼下挂载一枚

动力装置： 一台 1325 马力的 "艾利逊" V-1710-87 液冷 V-12 活塞发动机，驱动一副寇蒂斯三叶恒速螺旋桨

性能： 最高速度 368 英里 / 小时，高度 14000 英尺无外挂；310 英里 / 小时，高度 5000 英尺，外挂炸弹

初始爬升率： 2700 英尺 / 分钟，实用升限 25100 英尺；最大航程 1600 英里，带副油箱

P-51A/ "野马" II

首飞时间： P-51A，1943 年 2 月 3 日；"野马" II，1943 年 2 月 13 日

开始服役时间： P-51A，1943 年 3 月

外形尺寸： 翼展 37 英尺；机长 32 英尺 3 英寸；机高 12 英尺 2 英寸；机翼面积：233 平方英尺

重量： P-51A：空重 6850 磅，最大起飞重量 10600 磅

武器装备： "野马" I：机翼内安装 4 挺 .50 英寸口径 "勃朗宁" 机枪，每侧机翼下挂载一枚 500 磅炸弹。战地改装可在翼下加装 6 筒火箭筒

动力装置： 一台 1200 马力的 "艾利逊" V-1710-81 液冷 V-12 活塞发动机，驱动一副寇蒂斯三叶恒速螺旋桨

性能： 最高速度 390 英里 / 小时，高度 20000 英尺

爬升率： 1650 英尺 / 分钟；实用升限 31000 英尺；最大航程 1250 英里，带副油箱

P–51B/C/ "野马" III

首飞时间： P–51B，1943 年 5 月 5 日；P–51C，1943 年 8 月 5 日

开始服役时间： P–51B，1943 年 6 月；"野马" III，1943 年 12 月

外形尺寸： 翼展 37 英尺；机长 32 英尺 3 英寸；机高 12 英尺 2 英寸；机翼面积：233 平方英尺

重量： 空重 7450 磅，最大起飞重量 11200 磅

武器装备： 机翼内安装 4 挺 .50 英寸口径"勃朗宁"机枪，每侧机翼下挂载一枚 1000 磅炸弹

动力装置： 一台 1595 马力的帕卡德 V–1650–3 "梅林"或 1720 马力的 V–1650–7 液冷 V–12 活塞发动机，驱动一副汉密尔顿四叶恒速螺旋桨

性能： 最高速度（V–1650–3 发动机）440 英里 / 小时，高度 30000 英尺

爬升率： 3900 英尺 / 分钟；爬升至 30000 英尺高度所用时间，12.5 分钟；实用升限 41800 英尺；最大航程 1600 英里，带副油箱

P–51D/K

首飞时间： 1943 年 11 月 17 日

开始服役时间： 1944 年 3 月

外形尺寸： 翼展 37 英尺；机长 32 英尺 3 英寸；机高 12 英尺 2 英寸；机翼面积：235 平方英尺

重量： （P–51D）空重 7635 磅，最大起飞重量 12100 磅

武器装备： 机翼内安装 6 挺 .50 英寸口径"勃朗宁"机枪，翼下可挂总共 2000 磅的炸弹或 6 枚 5 英寸口径火箭弹

动力装置： 一台 1720 马力的帕卡德 V–1650–7 "梅林"或 1720 马力的原装 V–1650–7 液冷 V–12 活塞发动机，驱动一副汉密尔顿四叶恒速螺旋桨（P–51D），航空产品四叶恒速螺旋桨（P–51K）

性能： 最高速度 437 英里 / 小时，高度 25000 英尺

爬升率： 3475 英尺 / 分钟；爬升至 30000 英尺高度所用时间，7 分 30 秒；实用升限 41900 英尺；最大航程 1650 英里，带副油箱

P-51H

首飞时间: 1945 年 2 月 3 日

开始服役时间: 1945 年中

外形尺寸: 翼展 37 英尺;机长 33 英尺 4 英寸;机高 13 英尺 8 英寸;机翼面积:235 平方英尺

重量: 空重 7040 磅,最大起飞重量 11500 磅

武器装备: 机翼内安装 6 挺 .50 英寸口径 "勃朗宁" 机枪,翼下可挂总共 2000 磅的炸弹或 10 枚 5 英寸火箭弹

动力装置: 一台 2218 马力的帕卡德 V-1650-9 "梅林" 液冷 V-12 活塞发动机,驱动一副航空产品四叶恒速螺旋桨

性能: 最大速度 487 英里 / 小时,高度 25000 英尺

爬升率: 5350 英尺 / 分钟;爬升至 30000 英尺高度所用时间,7 分 30 秒;实用升限 41600 英尺;最大航程 1160 英里,带副油箱

F-82G "双野马"

首飞时间: 1945 年 4 月 14 日(XP-82)

开始服役时间: 1945 年 8 月

外形尺寸: 翼展 51 英尺 7 英寸;机长 42 英尺 2.5 英寸;机高 13 英尺 10 英寸;机翼面积:417 平方英尺

重量: 空重 15997 磅,最大起飞重量 25891 磅

武器装备: 中部机翼内安装 6 挺 .50 英寸口径 "勃朗宁" 机枪,翼下可挂总共 4000 磅的炸弹或火箭弹。

动力装置: 两台 1600 马力的 "艾利逊" V-1710-143/145 液冷 V-12 活塞发动机,各驱动一副航空产品四叶螺旋桨(两个螺旋桨对转)

性能: 最高速度 456 英里 / 小时,高度 21000 英尺

爬升率: 3770 英尺 / 分钟;实用升限 38900 英尺;最大航程 2240 英里

附录 IV "野马"生产情况一览表

型号	NAA 型号编码	序列号	生产数量
NA–73X	NA–73X	NX19998	1
XP–51	NA–73	41–038/41–039	2
"野马" I	NA–73	AG345–664（英国皇家空军订购）	320
"野马" I	NA–83	AL958–999，AM100/257，AP164/263（英国皇家空军订购）	300
P–51–NA	NA–91	41–37320 至 41–37351，41–37353 至 41–37420 41–37422 至 41–37469	148
A–36A–NA	NA–97	42–83663 至 42–841622	500
P–51A–NA	NA–99	43–6003 至 43–6312	310
XP–51B	NA–101	41–37352，41–37421	2
P–51B–1NA	NA–102	43–12093 至 43–12492	400
P–51C–1NT	NA–103	42–102979 至 42–103328	350
P–51C–5NT	NA–103	42–103329 至 42–103378	50
P–51C–10NT	NA–103	42–103379 至 42–103978	600
P–51C–10NT	NA–103	43–24902 至 43–25251	350
P–51C–10NT	NA–103	44–10753 至 44–11152	400
P–51B–10NA	NA–104	42–106429 至 42–106538	110
P–51B–10NA	NA–104	42–106541 至 42–106738	198
P–51B–15NA	NA–104	42–106739 至 42–106978	240
P–51B–5NA	NA–104	43–6313 至 43–7112	800
P–51B–10NA	NA–104	43–7113 至 43–7202	90
P–51B–15NA	NA–104	43–24752 至 43–24901	150
XP–51F	NA–105	43–43332 至 43–43334	3
XP–51G	NA–105	43–43335，43–43336	2
XP–51J	NA–105	44–76027，44–76028	2
XP–51D	NA–106	42–106539，42–106540	2
P–51D–5NA	NA–109	44–13253 至 44–14052	800
P–51D–10NA	NA–109	44–14053 至 44–14852	800
P–51D–15NA	NA–109	44–14853 至 44–15752	900
P–51D–1NA	NA–110	110–34386 至 110–34485	100（澳大利亚组装）
P–51D–5NT	NA–111	44–11153 至 44–11352	200
P–51K–1NT	NA–111	44–11353 至 44–11552	200
P–51K–5NT	NA–111	44–11553 至 44–11952	400
P–51K–10NT	NA–111	44–11953 至 44–12552	600
P–51K–15NT	NA–111	44–12553 至 44–12852	300
P–51D–20NT	NA–111	44–12853 至 44–13252	400
XP–82	NA–120	44–82886，44–83887	2
XP–82A	NA–120	44–83888	1

（续表）

型号	NAA 型号编码	序列号	生产数量
P-51D-20NA	NA-122	44-63160 至 44-64159	1000
P-51D-20NA	NA-122	44-72027 至 44-72626	600
P-51D-25NA	NA-122	44-72627 至 44-74226	1600
P-51D-30NA	NA-122	44-74227 至 44-75026	800
P-82B-NA	NA-123	44-65160 至 44-65179	20
P-82C-NA	NA-123	44-65169	1（用 P-82B 改造）
P-82D-NA	NA-123	44-65170	1（用 P-82B 改造）
P-51D-25NT	NA-124	44-84390 至 44-84989	600（44-68610，611 TP-51D）
P-51D-25NT	NA-124	45-11343 至 45-11542	200（45-11443 至 450 TP-51D）
P-51D-30NT	NA-124	45-11543 至 45-11742	200
P-51M-1NT	NA-124	45-11743	1
P-51H-1NA	NA-126	44-64160 至 44-64179	20
P-51H-5NA	NA-126	44-64180 至 44-64459	280
P-51H-10NA	NA-126	44-64460 至 44-64714	255
P-82E-NA	NA-144	46-0255 至 46-0354	100
P-82F-NA	NA-149	46-0405 至 46-0504	100（0469，0504 改造为 G 型）
P-82G-NA	NA-150	46-0355 至 46-0404	50
骑士 F-51D		67-14862 至 67-14865	4（玻利维亚订购）
骑士 TF-51D		67-14866	1（玻利维亚订购）
骑士 F-51D		67-22579 至 67-22582	4（玻利维亚订购）
骑士 F-51D		68-15795 至 68-15796	2（美国空军）
骑士 F-51D		72-1536 至 72-1541	6（萨尔瓦多订购）

注释：这个列表中没有包含加拿大飞机公司（CAC）制造的"野马"Mk20、21、22 和 23 型战斗机，这些加拿大制造的"野马"总数为 200 架。此外，还有飞机按照 TP-51D 教练型来制造，以下序列号的飞机由 Temco 改造为 TP-51D 教练机：44-84654 至 44-84658、44-84660、44-84662/44-84663、44-84665 至 44-84670、44-84676（总共 15 架，含全新制造的 10 架）。
F-51 "骑士野马" 是由 P-51D 的机体翻新再造而来的。

"野马"的生产数量超过 14000 架，该系列战斗机在战争期间共取得 4950 次空战胜利，摧毁 4130 个地面目标，击毁 230 枚 V-1 飞弹。

NAA 型号编码此列为北美飞机公司型号。

改造为 F-6 侦察机：F-6 这个型号是赋予照相侦察用"野马"的，大约有 180 架早期型"野马"战斗机改造为 F-6A、F-6B 和 F-6C 侦察机
改造为 F-6D 的飞机：44-13020 至 44-13039、44-13131 至 44-13140、44-13181、4484509 至 44-84540、44-84566、44-84773 至 4484778 以及 44-84835 至 44-84855（共 146 架）
改造为 F-6K 的飞机：44-11554、44-11897 至 44-11952、44-11993 至 4412008、44-12216 至 44-12237、44-12459 至 44-12471、44-12523 至 44-12534、44-12810 至 44-12852（共 163 架）

附录 V "野马"与其他机型技术参数对比

　　1944 年 3 月，军方出具了一份 P–51B 与多种不同型号战斗机（包含友军和敌军装备机型）的性能对比报告。报告中的主角 P–51B 战斗机配备了一台 V–1650–3 发动机，是帕卡德公司根据授权制造的"梅林"61 型发动机，拥有两级增压，起飞功率为 1400 马力，在 15750 英尺高度，最大功率为 1530 马力，在 26500 英尺的高空，最大功率为 1300 马力。在这个最佳高度上，P–51B 的最大功率比 P–51A 要高出 300 马力。

　　飞机的固定武装为 4 挺安装在机翼内的 .50 英寸口径的"勃朗宁"机枪，开火时的弹道位于螺旋桨旋转范围之外。为了给飞行员提供装甲防护，飞行员座椅后方安装了两块防弹钢板，一块是从地板向上延伸到飞行员肩部高度的厚度为 8 毫米的钢板，另外一块钢板的厚度为 11 毫米，装在前述钢板的上方，为飞行员的头部提供保护。另外还在座舱前部，紧挨着发动机防火墙安装了一块 6 毫米厚的钢板，此外，中间那片风挡玻璃由一片厚达 38 毫米的防弹玻璃制成。在发动机前部的冷却液箱正前方，装有一小片 6 毫米厚的装甲钢板。所有的机内油箱均为自封油箱。

　　P–51B 战斗机从 1943 年秋末开始交付，而在此之前，情报显示福克－沃尔夫 Fw 190A–4 和 A–8 型这样带有水－甲醇加力装置的战斗机已经成规模服役，在 18700 英尺的高度上，比先前的 Fw 190A–3 的最高速度还要快 20 ~ 30 英里 / 小时。梅塞施密特 Bf 109G–2 是 1943 年初投入战场的一个改型，截至 1944 年 3 月末，像 G–6 和 G–10 这样大量服役的改型，已普遍装备水－甲醇或氮氧化物加力装置，这些飞机的基础型号，其最高速度已经相当接近 P–51B 了，更别提启用了前述文字中提到的这些"外挂级"的加力装置之后了。但这两大系列的德制战斗机中专门用于截击轰炸机的改型，自有其头疼的地方，由于需要高效毁伤重型轰炸机，需要装备大口径的重型机炮，而这拖累了他们的飞行性能，在面对"轻装上阵"的"野马"战斗机时，就难免吃亏了。

P-51B 与 "喷火" IX 对比

这两种型号的战斗机非常具有对比价值，因为两机的发动机从设计上和性能上非常相似。而两种飞机的战术思路的不同，在实际结果上就使"野马"成为二者中外形更加干净干练的飞机，并且野马还要重一些，翼载也比"喷火"IX 要大一些（"野马"的翼载为每平方英尺 43.81 磅，而喷火为每平方英尺 31 磅）。

续航力："野马"的最大载油量是"喷火"IX 的 1.5 到 1.75 倍。燃油箱和滑油箱的容量分别为 154 英制加仑和 11.2 英制加仑，而"喷火"战斗机的燃油箱和滑油箱的容量分别为 85 英制加仑和 7.5 英制加仑，这些数值都没有考虑外挂远程副油箱。加挂远程副油箱后，"野马"的总载油量可达 279 英制加仑（挂载两枚 62.5 英制加仑的远程副油箱），而"喷火"IX 的最大载油量为 177 英制加仑（挂载一个 90 英制加仑的"滑块"式副油箱）。

在相似的增压和转速设定下，两机的耗油率是接近的，但是"野马"的平飞速度要快出 20 英里 / 小时。因此如果直接根据载油量来对比两机的航程的话（挂载远程副油箱），"野马"仍然占有明显优势。

速度：此时官方的速度曲线图还不能拿到。这组速度数据因此不能得到官方的确认。报告中显示，在相同发动机参数下，在所有高度上，"野马"常常比"喷火"的平飞速度要快 20 ~ 30 英里 / 小时。在发动机在特定高度能达到的极限负荷，3000rpm（每分钟 3000 转）转速，67 英寸（18 磅增压）的歧管压下，依然是这个对比结果。两机的最佳性能高度也是类似的，在10000 ~ 15000 英尺之间，以及 25000 ~ 32000 英尺之间。

爬升率："野马"在全部高度上，以最大功率爬升，均明显逊色于"喷火"（双机编队起飞时，"喷火"IX 为了保持编队，使用 5 磅以下的增压）。改变发动机设定，将速度定在 175 英里 / 小时，两种飞机的爬升率相差无几。从 5000 英尺或更高的高度开始俯冲，"野马"的垂直爬升性能更好一些，重新回到初始高度时，速度要更快一些。

俯冲性能："野马"从浅俯冲中可以迅速拉起脱离。在相同发动机转速下，"喷火"IX 需要 4—6 磅的增压才能跟上"野马"的编队。

盘旋性能："野马"盘旋时常常飞在"喷火"的外圈。"野马"使用机动襟翼时并没有明显改善盘旋性能。在高速状态下，飞机即将失速时，升降舵会震颤，随后机尾开始震颤，可以给飞行员足够的预警。

滚转率：尽管副翼的手感很轻，"野马"在正常速度区间内的滚转率都赶不上"喷火"IX。在高速飞行时，副翼的操控会略微变沉，而滚转率和在400 英里 / 小时基本一样。

火力："野马"的火力由机翼中安装的 4 挺 .50 英寸口径的"勃朗宁"机枪提供。相对于"喷火"战斗机的"枪炮组合"，就差很多了。

P–51B 对 Fw 190

最高速度：在所有高度上，Fw 190 的极速都要慢上 50 英里 / 小时，在 28000 英尺以上的高度，这个差距则扩大到 70 英里 / 小时。预计装有 DB603 发动机的 Fw 190 战斗机在 27000 英尺以下的高度要比"野马"略快些，但在此高度以上就慢下来了。

> ［这是指期待已久的装有液冷直列发动机的 Fw 190，其中盟军情报人员已获得了一些情报。Fw 190D 型在 1944 年夏末才进入服役，而其实机安装的发动机为容克斯"尤默"（Jumo）213］

爬升率：看上去在最大爬升率这个指标上还是有一丝选择余地的。预计"野马"的最大爬升率会比新型的 Fw 190（安装 DB603 发动机）略好一些。"野马"在所有高度上做垂直爬升动作，速度都要明显比对手快。

盘旋性能：这次就没有选择余地了。"野马"的盘旋性能略微占优。当以急转弯的方式摆脱一架敌机时，由于初始速度的差异，飞行员往往会冲到敌机的外圈。因此，当"野马"遭到敌机攻击时，这种机动仍然是有战术价值的。

滚转率：即使是"野马"这样的战斗机，都赶不上 Fw 190 的滚转率。

结论：向敌方发起攻击时，维持高速或者重新获得速度或高度优势。一架 Fw 190 是无法单靠俯冲来摆脱攻击的。在防御机动时，一个急转再接上一个油门推到底的俯冲可以在重新获得高度和航向前拉开双方的距离。近距离格斗不是首选的推荐战术。不要在初始速度低于 250 英里 / 小时的情况下尝试通过拉起爬升的动作来摆脱攻击。有个不好的消息是，关于新型的 Fw 190（安装 DB603 发动机）的情报不足，因此没有任何值得推荐的战术对应。

P–51B 对 Me 109G

最高速度：在所有高度上，"野马"都占据着速度优势，在最佳高度上进行对比，低于 16000 英尺时，"野马"的速度大约快 30 英里 / 小时，高度高于 25000 英尺时，速度差异从 30 英里 / 小时逐步扩大，在 30000 英尺高度上，速度差距达到 50 英里 / 小时。

最大爬升率：双方的性能非常接近。在 25000 英尺以上高度，"野马"略占优势，但是在 20000 英尺以下高度，"野马"就要吃亏了。

垂直爬升性能：令我方沮丧的是，Me 109G 有着优异的高速爬升性能，两种飞机在此方面不分伯仲。

俯冲性能：从另一方面讲，"野马"在摆脱攻击时，依然可以通过长时间的俯冲来拉开双方的距离。

盘旋性能："野马"占据极大优势。

滚转率 别无选择。在防御机动中（近距格斗）快速改变方向可以使 Me190G 迅速失去与你的目视接触。这是因为 109G 的最大滚转率非常令人汗颜（机动时，前缘缝翼始终伸出）。

结论：攻击时，"野马"可以很轻易地咬住 Me 109G，但在爬升的状态下不行（除非"野马"占据极大的速度优势）。在防御时，"野马"应首先做一个急转动作，然后，在必要的情况下，接着做一次俯冲（高度低于 20000 英尺时）。高速爬升并不能有效拉开距离。如果高度高于 25000 英尺，持续爬升，保持高度优势！

挂载远程副油箱时的作战表现

速度：在所有发动机工作模式和高度下，挂载副油箱后，速度都会严重下降，降幅为 40 ~ 50 英里 / 小时。尽管如此，在 25000 英尺以上高度，挂载副油箱的"野马"仍比 Fw 190（安装 BMW801 发动机）飞得快，但比 Me 109G 飞得慢。

爬升率：挂载副油箱后，爬升率严重下降。此时 Fw 190（BMW801 发动机）、Me 109G 和 Fw 190（DB603 发动机）的爬升率均优于"野马"。"野马"在挂载副油箱后，垂直爬升性能依然优秀（攻击时），但在防御时被 Fw 190（BMW801）咬住时仍可能陷入被动，面对 Me 109G 时铁定被动。

俯冲性能：即使在副油箱有较多余油时，"野马"在全速俯冲时仍能力压 Fw 190（BMW801 发动机）和 Me 109G。

盘旋性能：副油箱对盘旋性能造成的影响没有想象的明显。"野马"至少在盘旋的时候可以紧紧跟住 Fw 190（BMW801 发动机）而不会失速掉队，在和 Me 109G 比拼盘旋时，绝对能跟得更紧。

滚转率：一般滚转操纵手感和滚转率仅受很小的影响。

结论："野马"在挂载副油箱后，飞行性能会显著下降。仓促的攻击仍然可以通过急转弯来躲避，但是在不降低高度的情况下很难避免敌方坚决的攻击。"野马"仍然是一种很好的进攻型飞机，尤其在有高度优势的情况下。

附录 VI　中英文对照表

（按照在正文中出现的先后顺序排序）

人名

莫里斯·哈蒙德（Maurice Hammond）

贾罗德·科特尔（Jarrod Cotter）

黛安·哈蒙德（Diane Hammond）

克莱尔·考特（Clare Cotter）

莉亚·哈蒙德（Leah Hammond）

克里斯·阿布里（Chris Abrey）

史蒂文·卡宁·阿纳尼安（Stephen Carnig Ananian）

克拉伦斯·E. "巴德"·安德森（Clarence E. 'Bud' Anderson）

马丁·乔尔顿（Martyn Chorlton）

科特·杰曼（Scott Germain）

寇蒂斯·R. 史蒂文斯（Curtis R. Stephens）

迈克·斯皮克（Mike Spick）

阿尔弗雷德·普莱斯（Alfred Price）

罗伯·戴维斯勋爵（Rob Davies MBE）

戴夫·伊万斯（Dave Evans）

威廉姆·J. 普莱斯少校（Major William J. Price）

彼得·科尔曼（Peter Coleman）

巴利·诺斯（Barry North）

比尔·普莱斯上尉（Captain Bill Price）

威廉姆·J. 普莱斯少校（Major William J. Price）

布拉德福德·史蒂文斯（Bradford Stevens）

迈尔·温克尔曼（Myer Winkelman）

约翰·B. 亨利（John B. Henry）

威廉姆·C. 克拉克（William C. Clark）

比尔·C. 劳特（Bill C. Routt）

埃德·希普利（Ed Shipley）

唐纳德·J. M. 布莱克斯利（Donald J.M. Blakeslee）

亨利·塞尔夫爵士（Sir Henry Self）

詹姆斯·H. "荷兰佬"·金德尔博格（James H. 'Dutch' Kindleberger）

利兰·阿德伍德（Leland Atwood）

雷蒙德·H. 莱斯（Raymond H. Rice）

埃德加·施姆德（Edgar Schmued）

巴克（Baker）

万斯·布里斯（Vance Breese）

保罗·鲍尔佛（Paul Balfour）

道格·费舍尔（Doug Fisher）

B. R. 埃克斯坦因（B.R.Eckstein）

霍利斯·"霍利"·希尔斯（Hollis 'Holly' Hills）

罗纳德·哈克（Ronald Harker）

海福斯勋爵（Lord Hives）

罗恩·T. 谢菲尔德（Ron T. Shepherd）

托马斯·希区柯克（Thomas Hitchcock）

哈里·"幸运"·阿诺德（Harry 'Hap' Arnold）

哈德森（Hudson）

弗雷泽（Fraser）

保罗·马什（Paul Marsh）

史蒂夫·辛顿（Steve Hinton）

肯·伯恩斯汀（Ken Burnstine）

安东尼·斯蒂尔（Anthony Steel）

查克·克劳福德（Chuck Crawford）

雷吉斯·乌尔舍尔（Regis Urschler）

约翰·D. 兰德斯（John D. Landers）

丹·马丁（Dan Martin）

皮尔斯·W."马克"·麦金农（Pierce W. 'Mac' McKennon）

李·劳德贝克（Lee Lauderback）

李·"荷兰佬"·埃森哈特（Lee 'Dutch' Eisenhart）

克雷戈（Craigo）

麦克卢尔（McClure）

亨利（Henry）

比尔·鲁特（Bill Routt）

埃尔顿·J. 布朗沙德尔上尉（Lt Elton J. Brownshadel）

格雷维特（Gravette）

赫尔维·斯托克曼（Hervey Stockman）

伊诺克·B. 史蒂文森（Enoch B. Stephenson）

约翰·艾特肯（John Aitken）

伍德勃里（Woodbury）

吉米·杜立特（Jimmy Doolittle）

查理斯·林德伯格（Charles Lindbergh）

罗斯科·特纳（Roscoe Turner）

乔治·T. 里奇（George T. Rich）

切特·玛拉茨（Chet Malarz）

阿奇·陶瓦（Archie Tower）

怀特利（Whitey）

B. 韦斯特布鲁克（B. Westbrook）

F. J. 贝德福德（F.J. Bedford）

比尔·盖顿（Bill Guyton）

拉德福特·史蒂文斯（Bradford Stevens）

米耶尔·温克尔曼（Myer Winkelman）

鲁特（Routt）

伍德上尉（Lt Wood）

安德鲁·S. 特纳（Andrew S. Turner）

小本杰明·O. 戴维斯（Benjamin O. Davis Jr）

查理斯·B. 霍尔（Charles B. Hall）

克拉伦斯·E."巴德"·安德森（Clarence E. 'Bud' Anderson）

艾莉（Ellie）

查理斯·E."查克"·耶格尔（Charles E. 'Chuck'. Yeager）

格伦尼斯·法耶·迪克豪斯（Glennis Faye Dickhouse）

查理斯·皮特斯（Charles Peters）

罗伯特·A."鲍勃"·胡佛（Robert A. 'Bob' Hoover）

约翰·巴格利（John Bagley）

吉姆·比斯利（Jim Beasley）

达克斯·科尼利尔斯少校（Maj Dax Cornelius）

托尼·比尔兰科文（Tony Bierenkoven）

杰夫·约斯特（Jeff Yost）

韦伯（Webber）

威廉·阿库（William Accoo）

科蒂斯·R. 谢菲尔德（Curtis R. Shepherd）

雷蒙德·谢菲尔德（Raymond Shepherd）

克莱德·沃森（Clyde Watson）

罗纳德·埃德克·米勒（Ronald Edker Miller）

斯科特·杰曼（Scott Germain）

丹·马丁（Dan Martin）

泰利·布兰德（Terry Bland）

弗兰克·泰勒（Frank Taylor）

史基普·霍姆（Skip Holm）

罗恩·布卡雷利（Ron Buccarelli）

比尔·"泰格"·德斯提法尼（Bill 'Tiger' Destefani）

麦克·尼克松（Mike Nixon）

迪怀特·索恩（Dwight Thorn）

戴维·普莱斯（David Price）

麦克·巴罗（Mike Barrow）

里克·尚霍尔茨（Rick Shanholtzer）

比尔·科申福特（Bill Kerchenfaut）

迈克·威尔顿（Mike Wilton）

史蒂夫·巴索夫（Steve Bartholf）

史蒂夫·辛顿（Steve Hinton）

L. D. 休斯（L.D. Hughes）

地名

奥斯卡什（Oshkosh）

安格利亚（Anglia）

福尔莫（Fowlmere）

东安格利亚（East Anglian）

诺福克（Norfolk）

哈德维克（Hardwick）

托普克罗夫特（Topcroft）

萨福克（Sufolk）

雷顿（Raydon）

威格瑞姆基督城（Wigram in Christchurch）

坎特博雷（Canterbury）

伍德伯恩（Woodbourne）

奥马卡（Omaka）

布伦海姆（Blenheim）

瓦纳卡（Wanaka）

林肯郡（Lincolnshire）

戈克希尔（Goxhill）

肯特郡（Kent）

伍德教堂（Woodchurch）

剑桥郡（Cambridgeshire）

加利福尼亚（California）

英格伍德（Inglewood）

费奎雷（Feuquières）

博韦马里塞尔（Marisell in Beauvais）

兰利空军基地（Langley air Force Base）

曼斯菲尔德（Mines Field）

利物浦（Liverpool）

威尔特郡（Wiltshire）

博斯坎普（Boscombe）

西苏塞克斯郡（West Sussex）

盖德维克（Gatwick）

利托克（Le Touque）

迪耶普（Dieppe）

多特蒙德-埃尔姆斯运河（Dortmund-Elms canal）

鲁尔（Ruhr）

埃森（Essen）

林根（Lingen）

夏威夷（Hawaii）

珍珠港（Pearl Harbor）

达斯福德（Duxford）

诺丁汉郡（Nottinghamshire）

哈克诺（Hucknall）

哈福德郡（Hertfordshire）

波音顿（Bovindon）

得克萨斯州（Texas）

达拉斯（Dallas）

沃斯堡（Fort Worth）

萨福克郡（Suffolk）

博戈斯特（Boxted）

布莱克内尔（Bracknell）

拉姆斯莱德镇（Ramslade）

诺曼底（Normandy）

西苏克塞斯郡（West Sussex）

方汀顿（Funtington）

库勒姆（Coolham）

诺福克郡（Norfolk）

科尔蒂瑟尔（Coltishall）

尼克西亚（Nicosia）

福贾（Foggia）

密支那（Myitkyina）

硫黄岛（Iwo Jima）

小笠原群岛（Bonin Islands）

中岛-武藏（Nakajima-Musash）

国王悬崖（King's Cliffe）

阿拉梅达海军航空站（NAS Alameda）

日本板介空军基地（Itazuke AB）

日本岩国基地（Iwakuni AB）

莱特机场（Wright Field）

兰利机场（Langley Field）

奥查德机场（Orchard Airport）

奥海尔机场（O'hare Airport）

黑尔斯角（Hales Corner）

奇诺（Chino）

雷诺（Reno）

莫哈维（Mojave）

约书亚（Joshua）

霍利斯特（Hollister）

迪布顿（Debden）

罗森海姆.加林根机场（Rosenheim-Gahlingen）

马丁利剑桥阵亡美军公墓（Cambridge American Cemetery and Memorial at Madingley）

怀特岛（Isle of Wight）

韦茅斯（Weymouth）

泽西岛（Islands of Jersey）

根希岛（Islands of Guernsey）

麦斯威尔机场（Maxwell Field）

阿梅利克斯（Americus）

蒙斯特（Munster）

艾姆伊登（Ijmuiden）

须德梅（Zuider Ze）

奥尔德堡（Aldeburgh）

泰晤士河口（Thames Estuary）

奇克斯酒吧（Chequers）

科尔切斯特（Colchester）

奥舍斯莱本（Oschersleben）

莫顿菲尔德（Moton Field）

雷克斯堡（Rexburg）

拉米特里（Ramitelli）

斯泰德机场（Stead airfield）

机型绰号

贾妮（Janie）

曼尼内尔（Maninell）

P-51 "野马"（P-51 Mustang）

漂亮大娃娃（Big Beautiful Doll）

P-47 "雷电"（P-47 Thunderbolt）

B-25 "米切尔"（B-25 Mitchell）

威灵顿（Wellington）

A-36 "阿帕奇"（A-36 Apache）

啾啾婴儿（Shoo Shoo Baby）

困倦时髦女郎（Sleepy Time Gal）

蚊（Mosquito）

漂亮战士（Beautifighter）

小鹰（Kittyhawk）

B-24 "解放者"（B-24 Liberator）

"拳师" 号航空母舰（USS Boxer）

F-82 "双野马"（F-82 Twin Mustang）

P-61 "黑寡妇"（P-61 BlackWidow）

"野马" II（Mustang II）

"涡轮野马" III（Turbo Mustang III）

莱康明 T55 涡轮螺旋桨发动机（Lycoming T55）

执法者（Enforcer）

苏茜 Q 小姐（Miss Suzi Q）

弗吉尼亚夫人（Mrs Virginia）

快乐杰克的高尔夫球车（Happy Jack's Go Buggy）

老乌鸦（Old Crow）

火枪手（Gunfighter）

老红鼻子（Old Red Nose）

疯狂骏马（Crazy Horse）

维尔玛小姐（Miss Velma）

山脊奔跑者 III（Ridge Runner III）

邦尼·碧（Bonny Bea）

斯蒂尔曼 PT-17（Stearman PT-17）

P-40"战鹰"（P-40 Warhawk）

"海象"水陆两栖飞机［Walrus (amphibian
　　aircraft)］

"乔治·阿德格尔"号（HMS George Adgell）

我的宝贝（Baby Mine）

约克斯福德男孩（Yoxford Boys）

迷人的格兰尼斯（Glamorous Glennis）

迷人的格兰Ⅲ（Glamorous Glen III）

兔子老爹（Daddy Rabbit）

性感萨利Ⅱ（Sexy Sally II）

奥勒·耶勒（Ole Yeller）

A-10"雷电"Ⅱ（A-10 Thunderbolt II）

F-86"配刀"（F-86 Sabre）

P-38"闪电"（P-38 Lightning）

白头海雕（Bald Eagle）

F-16"战隼"（F-16 Fighting Falcon）

F-15"鹰"（F-15 Eagle）

凶猛的弗兰基（Ferocious Frankie）

克里莫的梦想（Creamer's Dream）

达戈红酒（Dago Red）

珍妮（Jeannie）

贵重金属（Precious Metal）

秃鹰（Griffon）

施特雷加酒（Strega）

制造厂商

超马林（Supermarine）

马尔科姆公司（R.Malcolm&Co.）

北美飞机公司［North American Aviation (NAA)］

梅塞施密特（Messerschmitt）

亨克尔（Heinkel）

福克-沃尔夫（Focke-Wulf）

帕卡德（Packard）

寇蒂斯（Curtiss）

艾利逊（Allison）

容克斯（Junkers）

维克斯（Vickers）

罗尔斯-罗伊斯（Rolls-Royce）

派特拉姆（Pytram）

汉密尔顿（Hamilton）

航空产品（Aeroproducts）

联合飞机公司（Consolidated）

诺斯罗普（Northrop）

英联邦飞机工厂（The Commonwealth Aircraft
　　Factory）

泛佛罗里达飞机公司（Trans-Florida Aviation）

骑士飞机公司（Cavalier Aircraft Corporation）

珀斯佩（Perspex）

勃朗宁（Browning）

班迪克斯（Bendix）

机构及缩写

新西兰皇家空军（RNZAF）

英国皇家空军（RAF）

美国陆军航空队（USAAF）

美国陆军航空军（USAAC）

实验飞机协会（EAA）

阿尔派战斗机收藏博物馆（Alpine Fighter
　　Collection）

美国国家航空咨询委员会（NACA）

飞机和军械评估研究院（A&AEE）

皇家航空研究中心（RAE）

空中作战发展中心（AFDU）

盟军远征航空军（AEAF）

皇家加拿大空军（RCAF）

美国空军（USAF）

波特一号（Bout One）

韩国空军（RoKAF）

空中国民警卫队（ANG）

皇家瑞典空军（RSAF）

美国国家空军博物馆（National Museum of the United States Air Force）

试验飞行器协会 (EAA) 航空博物馆 ［Experimental Aircraft Association's (EAA) air Museum］

EAA "飞来者" 航展（EAA Fly-in and Airshow）

EAA "飞来者大会" 博物馆 EAA's AirVenture Museum）

"塔斯克基 - 红色机尾" 中队（Red-tailed Tuskegee）

纪念空军（Commemorative Air Force）

民用飞机协会［Civil Aviation Authority (CAA)］

仪表飞行［Instrument Flight Rules (IFR)］

目视规则［Visual Flight Rules (VFR)］

联合空军［Confederate Air Force (CAF)］

美国空中力量遗产飞行博物馆（American Airpower Heritage Flying Museum）

"迪克西" 联队（Dixie Wing）

"种马 51" 公司（Stallion 51 Corporation）

战斗机收藏协会（The Fighter Collection's）

箭书出版社（Arrow Books）

传统飞行博物馆（Legacy Flight Museum）

古老飞行器公司（Old Flying Machine Company）

作战行动及纪念活动

"五十年节" 行动（Operation Jubilee）

"绿头鸭" 行动（Operation Mallard）

历史传承飞行（Heritage Flight）

附录 VII 单位换算表

本书中用到的英制 / 美制单位与公制单位的换算关系如下：

1 英寸 = 2.54 厘米

1 英尺 = 12 英寸 = 0.3048 米

1 码 = 3 英尺 = 0.9144 米

1 英里 = 1760 码 = 1.6093 千米

1 平方英尺 = 0.0929 平方米

1 加仑（美制）= 3.7854 升

1 加仑（英制）= 4.5461 升

1 磅 = 0.4536 千克

1 节 = 1.852 千米 / 小时

1 平方英尺 = 0.09290304 平方米

1 磅力 = 0.004445 千牛 = 4.445 牛

1 磅力 / 平方英寸 = 0.00689 兆帕 = 6.894757 千帕

1 马赫 = 1225 千米 / 小时

1 海里 = 1.852 千米

图书在版编目（CIP）数据

北美P-51"野马"战斗机／（英）贾罗德·科特尔，
（英）莫里斯·哈蒙德著；郭宇译.—上海：上海三联
书店，2025.3 — ISBN 978-7-5426-8749-4

Ⅰ.E926.31

中国国家版本馆CIP数据核字第2025S5S574号

North American P-51 Mustang: Owners' Workshop Manual
Copyright © Haynes Publishing 2010.
Copyright of the Chinese translation © 2022 by Beijing West Wind Culture and Media Co., Ltd.
Published by Shanghai Joint Publishing Company.
ALL RIGHTS RESERVED
版权登记号：09-2024-0687号

北美P-51"野马"战斗机

著　者 / [英]贾罗德·科特尔　莫里斯·哈蒙德

译　者 / 郭　宇
责任编辑 / 李　英
装帧设计 / 千橡文化
监　制 / 姚　军
责任校对 / 王凌霄

出版发行 / 上海三联书店
　　　　　(200041) 中国上海市静安区威海路 755 号 30 楼
邮　箱 / sdxsanlian@sina.com
联系电话 / 编辑部：021-22895517
　　　　　发行部：021-22895559
印　刷 / 北京雅图新世纪印刷科技有限公司

版　次 / 2025 年 3 月第 1 版
印　次 / 2025 年 3 月第 1 次印刷
开　本 / 787×1092　1/16
字　数 / 415 千字
印　张 / 24
书　号 / ISBN 978-7-5426-8749-4/E·32
定　价 / 186.00 元

敬启读者，如发现本书有印装质量问题，请与印刷厂联系 15600624238